无聊的意义

远离情绪陷阱，唤醒自我创造力

[英] 桑迪·曼恩（Sandi Mann）著

沈梦已 译

THE UPSIDE OF DOWNTIME

机械工业出版社
CHINA MACHINE PRESS

现代社会总在力图消除我们生活中的每一丝无聊，我们习惯于每时每刻都充满刺激的生活。但随之而来的，是我们的无聊阈值越来越低，也就越来越容易感到无聊了。所以，无聊催生无聊。

本书全面探讨了无聊的原因，应对无聊的方法以及无聊的一些益处。本书的与众不同之处在于，不仅不否定无聊，而且试图让无所事事的无聊时光回到我们的生活中，通过管控它、摆脱它，发挥它的作用。我们需要拥抱无聊，而不是害怕无聊。

无聊有意义，
无所事事也大有裨益。

致　谢

感谢多年以来每一个参与过我的研究的人——我希望这不会太无聊。感谢我可爱的代理人 Chelsey Fox。我对无聊的痴迷，她已经忍受了很多年——但她从没说过这让她觉得无聊。

目　录

第五章 无聊倾向是一种人格特质

第六章 刺激陷阱："狂躁一代"和无聊

第七章 多动和自闭陷阱：世界、无聊和我

第八章 学习陷阱：为什么学习越来越没劲？

第九章 工作陷阱：为什么工作越来越乏味？

第十章 远离情绪陷阱，唤醒自我创造力

引　言

毕业后，我的第一份工作是在一家服装店做店员。这家店开在一条冷冷清清的商业街上。每天我只能靠着反反复复地折叠和展开毛衣来打发时间（不出所料，那家店不久之后就关门大吉了）。

我的第二份工作引发了我研究“无聊”的毕生兴趣。它和第一份工作如出一辙，单调乏味：整天盯着显微镜看，只为找到那些极少出现的致病细胞。这份“高警戒任务”实在是太枯燥了，于是我申请用耳机听听音乐，提供点必要的刺激，但申请被上级驳回了，理由是“听音乐会分散注意力”。

由此，我人生的重要使命诞生了——深入研究“无聊”并寻找应对“无聊”的方式。后续研究的其中一个发现证实了我当时的想法：一些额外的刺激（例如音乐）并不会让人分心，反而可以帮助人们更好地应对单调的重复性的工作。我多想回到以前工作的地方和他们分享这个研究结果，但是那个工作岗位已经被电脑代替，不复存在了。当然，电脑是永远也不会感受到工作倦怠的。

此书是我多年研究的成果。和那两份工作不同，我从来没觉得这份研究工作很无聊。我把这本书写给每一个人，每一个体验过无聊、没劲、单调、乏味、枯燥、倦怠、空虚，或不遗余力地避免进入这种状态的人。

人们越来越容易陷入无聊之中，于是使出了浑身解数寻找新异刺激来对抗无聊。这本书旨在帮助我们更好地应对“无聊”，进而充分利用“无聊”的力量。在娱乐方式日新月异、层出不穷的今天，我们却更容易感到无聊了：上学枯燥、上班倦怠，甚至在玩的时候也会感到没意思。电脑、手机、游戏机、有线电视、电影院、KTV、微信、微博……有这么多消磨时间的方式相伴，本应该不知“无聊”是何滋味的我们，却似乎中了一个诅咒，21 世纪的“无聊”的诅咒：**刺激方式越是多样，对刺激的渴望越是强烈。**

这个迅速发展的世界被贴上了“改变”“速度”和“新奇”的标签，这个世界里的我们也逐渐失去了对“重复”“常规”和“平淡”的耐受力。那种不舒服的感觉成了我们无止境地寻求刺激、想要摆脱无聊感的动力。

这也引起了许多不良的后果：孩子们晃荡在街角惹麻烦是出于无聊；沦陷在“黄赌毒”中的男女老少是在找刺激；那些不断寻求冒险的人（因此极限运动越来越火）是在挑战生命极限

的过程中释放生活中的空虚；“买买买”和“吃吃吃”也是寻找新刺激的行为。

这些现象是怎么发生的？我们怎样才能阻止它们的发生？本书探寻到了21世纪“无聊现象”的前因后果，并调查了相关的证据，会从探索“无聊”的概念入手，逐步验证关于这个话题的一些假设（例如，无聊是因为无所事事）。本书自始至终的核心理念是：无聊实际上对我们是有益的。后续会在书中逐渐呈现我的创新研究成果以及其他国际研究者的研究结论，共同为各位讲述我们无聊的时候在做些什么；如何行动、反馈和应对。

本书对造成无聊的原因进行了详细的探讨，囊括了环境、人格和其他有争议的因素。是因为生活太过于普通和重复吗？或者只是因为我们就是那种容易感到无聊的人？或者是因为其他人让我们觉得无聊（天哪，没准我们就是那个让人觉得无聊的人）？

关于教育体系内的无聊的讨论揭露出，随着对例如“互动白板”等高科技教学方式的日益强化，学校正在创造一个无聊倾向的社会，正在培养一群对娱乐性“嗷嗷待哺”却无法忍受普通教学方式的“国家的花朵”。孩子们被各种即时的、引人入胜的教学技术包围着，他们的注意力越来越难集中，越来越容易感到倦怠，而自身缺乏治愈这种倦怠的技能。事与愿违的是，人们的无聊阈限逐步降低，集中注意力所需要的刺激强度逐步增加，他们所处的工作环境却越来越让人感到倦怠（由于机构复杂度、书面工作、法律工作和事务性工作的增加）。

以上所有的“无聊”对社会造成的影响都是令人担忧的。许多的社会弊病可以归咎到无聊上，无论是我们由无聊而生的行为（例如冒险、寻求刺激、故意破坏、吸毒等），还是无聊对我们身心造成的影响。本书会进行后续探讨，无聊事实上是一种新的、同样具有伤害性的压力。

但是本书的“结局”是一个积极的观点。无聊虽然有诸多的黑暗面，但也有其光明之处。无聊的解药是幽默和有趣，它们都能让这个社会更加丰富多彩。另外，无聊也有诸多功能，包括成为创新的催化剂。我将会在书中呈现自己在此方面的研究成果。本书提供了一个略显激进的观点：**解决“无聊问题”的方式并不是避免无聊，而是利用无聊。**

我们常常认为，如果一个社会变得无聊了就是失败的，但是本书认为无聊可以成为一种激发创新思维和智慧思考的强大的力量——只要我们允许它存在于我们的生活中。有些人已经意识到了这一点，他们开始摆脱日常生活中对持续性刺激的欲望，转而去追求真正的自由时光，那些脱离网络羁绊和人情世故的自由时光。

英国记者、节目主持人玛丽拉·弗罗斯特拉普（Mariella Frostrup）在最近的《时代》[1]杂志上评价她自己无聊的假期时说：“关掉手机和科技产品、无所事事地过一个星期，是我们所期待的最奢侈的享受。”

她并不是唯一一个想从“全天 24 小时，每周 7 天”无休式社会中寻求时间的人，而我们也正在以越来越积极的态度对待无聊。

第一章　人们越来越容易无聊

“当我无聊的时候，我感到很沮丧，那种感觉就像我本应该在做一些有价值的事情，但我就是没能让自己动起来。”

“我无聊的时候什么都懒得做。”

“疲劳的时候特别容易感到无聊，而无聊让我觉得更疲劳。”

“无聊意味着我的大脑开始神游。我对什么都无法集中注意力——至少是我对什么都不想上心。这一切都太费神了。”

“无聊的时候我只想睡觉。”

“外界对我的大脑刺激不够的时候我就会觉得无聊，比如排队的时候，或者翻来覆去给我的孩子朗读同一本书的时候。我感觉我的脑细胞昏昏欲睡。”

“我在情绪低落的时候就会觉得无聊。”

“无聊的时候就是在浪费时间。”

“无所事事的感觉就是无聊。”

以上的话摘录自参与我研究的人。相信大多数人或多或少能对这些话感同身受，我们都曾体会过无聊的滋味。有些研究者认为，超过一半的人经常感到无聊[1]；另有一个研究称，我们通常每周会有 6 小时的时间对生活感到全然的彻底的无聊和厌倦[2]。（对此，一位评论员冷冰冰地评价道“只有 6 小时？”）[3] 显而易见，大部分人对无聊有亲身体验。它自始至终是生活中必不可少的一部分。几个世纪以来，哲学家、科学家、新闻记者和宗教学家都曾思考过无聊及其存在的意义，大部分人把它视作彻底的负能量。研究者们曾经探索过自 1900 年以来最无聊的一天（1954 年 4 月 11 日，周日，当天几乎什么大事都没发生）[4]，一年中最无聊的月份（1 月，根据一项以学生为主体的调查[5]，以及我自己做的一项非正式调查。在我的调查中，44% 的人认为 1 月是一年中最平淡无奇的月份）和世界上最无趣的博物馆（详见框 1－1）。

框 1－1　世界上最无趣的博物馆

- 英国割草机博物馆，英国，默西塞德郡，南港镇
- 狗项圈博物馆，英国，肯特郡，利兹城堡
- 铅笔博物馆，英国，坎布里亚郡，凯西克
- 锁匠的家，英国，西米德兰兹郡，沃尔萨尔
- 约克被子博物馆，英国，约克
- 电木博物馆，英国，萨默塞特郡，威灵顿
- 英国光学协会博物馆，英国，伦敦

- 午餐肉博物馆，美国，明尼苏达州，奥斯汀
- 软木博物馆，西班牙，赫罗纳，帕拉弗鲁赫尔
- 水泥博物馆，西班牙，圣·塞巴斯蒂安
- 盐和胡椒瓶博物馆，美国，田纳西州，盖特林堡
- 壁纸博物馆，法国，里克塞姆
- 阿瓦利斯的头发博物馆，土耳其，卡帕多奇亚
- 巴黎下水道博物馆，法国，巴黎，凯多塞
- 肥皂博物馆，黎巴嫩，塞达
- 日本刀博物馆，日本，东京
- 民俗博物馆，土耳其，安卡拉
- 印度贝壳博物馆，印度，泰米尔纳德邦

在很多人的心中，工作是很乏味的；而对另一些人来说，工作中的某些事务着实让人生厌，比如书面工作或者参加会议。很多人在工作之外的大部分时间依旧处于无聊的状态——上下班挤地铁，在家听另一半絮絮叨叨，参加沉闷的周末聚会。孩子们也经常抱怨好无聊——学校无趣，全家出行没劲（尤其十几岁的孩子），家庭作业枯燥……诸如此类的还有很多。男男女女们出轨是因为厌倦了他们的另一半；人们沉迷于购物网站和赌博网站是为了对抗空虚；青少年偷车、砸公交车站、吸毒，甚至可能参与有组织的暴乱（比如发生在2011年夏天英国的暴乱）都是为了释放生活中的乏味。不过，虽然我们确切地知道无聊是什么感受，当我们要去解释这种状态的时候，却没有人能给出一个确切的定义。

我在英国西北部调研了上百人[6]。根据被调查者的叙述，当

他们无聊的时候，他们感到“无精打采”“没有动力”“疲劳”，无法“集中注意力”，或者“走神”。被调查者说，当他们无聊的时候，他们“无所事事”，或者更确切地说，他们应该要去做的事情无法吸引他们去集中注意力。人们似乎无法分辨，到底是因为无所事事才无聊，还是因为他们疲倦、注意力分散、没有动力才无聊，或者，实际上这些状态都是无聊体验的一部分。简单来说，无聊到底是取决于手中处理的任务（例如任务本身很无趣所以我们觉得无聊），还是取决于个体（我们觉得无聊是因为我们是无聊的人）？如果是取决于任务，那么是任务的哪些部分让它变得无聊？如果是取决于个体，那么我们人格中的哪些部分把我们变成了更容易体验到无聊的人？这些问题会在后续的章节中做深入探讨。

框 1－2　无聊的表现

奥地利萨尔茨堡大学的心理学教授哈拉尔德 · 沃博特(Harald G.Wallbott)的研究显示，我们能很容易地辨识他人看起来是否无聊。 在他 1988 年的研究中，当演员的上半身瘫软（例如瘫坐在椅子上）、头向后倾斜、身体几乎不怎么动的时候，实验参与者认为那是无聊的表现[7]。

无聊简史

Oxford English Dictionary（牛津英语词典）中记录，“boredom”这个单词第一次在英语中出现是在 1750 年，但是直到

1852年它才第一次以书面的形式出现在文学作品中：在小说《荒凉山庄》中，被查尔斯·狄更斯用来形容戴德洛克女士的精神状态像是得了“慢性疾病”。“to be a bore”（令人厌烦）被用作“to be tiresome or dull”（无聊或乏味）的意思却从1768年就开始了。在这种现行的表达方式被使用之前，它的概念已经有了大量的记录，“acedia”就是以前用来表达“单调、无聊”的词语。

框1-3　有多少表达无聊的词语?

有很多词语可以用来表达无聊的意思。例如在英文中，tedium（厌倦、乏味），ennui（倦怠、厌烦），monotony（单调乏味、一成不变），dullness（枯燥无味、沉闷）和 listlessness（无精打采、倦怠）皆可。

强调严重无聊状态的常用表达方式有：bored to death（百无聊赖，烦死了），bored to tears（厌烦至极，烦到哭），bored out of my mind（无聊到抓狂，无聊透顶）和 bored rigid（感到厌倦了）。

直到20世纪20年代，研究者们（主要是心理学家）才首先开始对“无聊”进行研究。他们起初把工厂里无精打采的工人作为研究对象。最早的一个关于“无聊”的实验室研究出现在20世纪30年代后期，当时纽约城市大学的约瑟夫·巴尔马克（Joseph Barmack）提出“无聊是一种昏昏欲睡的感觉”。[8]这个研究之所以值得被关注，不仅是因为它对无聊进行了探索，而且还因为它揭示了在20世纪30年代心理学研究中道德规范的缺失：他让受试者服用例如安非他命（一种兴奋剂）的药物来看受试者的无聊程度是否会降低。（这在当时是可以的）但这样的研究绝对不会被现今的伦理委员会通过。

早年的许多研究者已经得出结论，无聊是一种独特的情绪。作为对“无聊”进行研究的第一批现代研究人员之一，美国职场心理学家辛西娅·费雪（Cynthia Fisher）（在国际会议中，我经常在“无聊研究圈”里和她碰面）指出“无聊是一种令人不快的、短暂的情绪状态，个体在这种状态中感到对目前所进行的活动毫无兴趣、无法集中注意力，以至于需要有意识地保持或集中注意力在这个活动上”[9]。因此，她认为无聊是一种情绪，一种非愉悦的情绪，可能与焦虑或者悲伤类似。为了更好地理解无聊，我们必须首先理解什么是情绪，以及情绪在我们生活中扮演着怎样的角色。

跨文化的“人类标识”——情绪

心理学家马斯洛为我们提供了很多关于动机的理论和见解，他认为，情绪是“人类的标识”[10]。这就是说，人类的情绪体验能把人类和其他低等生物区分开来。虽然在现代社会，动物能够在多大程度上体验情绪是存在争议的（不在此书的内容范围），但它们似乎很难体会到人类的所有情绪。

许多研究者认为，有多个鲜明的通用的情绪是能在跨文化的情景下被表现并辨识出来的，包括生气、害怕、悲伤、讨厌和惊讶（不包括无聊）。这些被定义为“基本情绪”，被认为是天生的，即我们不需要后天去学习怎么表达或辨认这些情绪，而是生下来就赋有体验这些情绪的能力。如果你需要证明这一点，试着去喂一个新生儿一些不甜的食物：我6岁的女儿能够清晰地辨识出我6个月的儿子吃完以后表示厌恶的表情（她看了非常开心）。这些天生的、通用的基本情绪是进化而来的，也就是为了我们的生存。这一点会马上谈及。

大部分研究者认为情绪由四种要素组成，还有些研究者认为真正体验到一种情绪时，这四种要素都会存在，它们是：

- 认知：我们如何理解和评估那些触发情绪的事件。例如想到葬礼这类悲伤的事情会触发哀伤的情绪。
- 感受：把我们感受到的情绪贴上例如“生气”“哀伤”等标签。
- 身体反应：我们的身体怎样进行反应，像出汗、心跳加速等，包括了我们主观上没能察觉的身体变化，例如在体验某种情绪时各种腺体分泌的化学物质。
- 行为：例如逃跑、打人、砸东西、拥抱等。

因此，要体验到我们如此熟悉的情绪，情绪触发或刺激必须渗透到我们的意识中，我们的身体必须发生了某些反应，我们的行为必须产生了某些变化——我们这才能把整个过程打上某种“情绪”的标签。

值得注意的是，可以说所有的情绪体验都是有原因的，即使是无聊。它们是进化后的反应，用来帮助我们更好地适应和生存。例如，生气的作用是为我们对抗那个惹我们生气的人做好准备（例如打架）——我们生气的脸表达了我们对敌对方的感受，可以窃喜的是，他们会在我们下手之前就逃走。无聊，并不是基本情绪之一（或者说是一种更为复杂的情绪），也可以说有同样适应性的目的，我们会在第十一章中进行详细的探讨。

请给我一个合理的解释

对于这个问题，并没有明确的答案。心理学家和研究者们已经在这个问题上有过多年的争论。是什么赋予了我们体验某种情绪的感觉？我们是怎么辨识不同的情绪的？我们怎么知道自己体验到的是害怕还是生气？倦怠而不仅仅是疲劳？

19世纪最早研究情绪的研究者詹姆士（James）和朗（Lange）[11]认为，在我们注意到自身的身体反应并辨识出是某种情绪之后，才触发了情绪。例如，想象一下，某个夜晚，你正走在一条幽暗的巷子里；你听到身后传来脚步声，你开始颤抖、心跳加速、呼吸急促。你注意到了这些身体上的变化（与欢乐或抑郁情况下的身体变化不同），并意识到它们是你的身体在为一个可怕的场景做准备，然后你就体验到了恐惧。因此，是我们身体反应的反馈让我们体验到了某种情绪——不同的情绪会产生不同的身体反应。

更多的最新研究关注于大脑在把身体感觉加工为情绪的过程中所起到的作用。除了体验到身体反应以外，我们还需要理性地把这些身体变化解释和标识为某种情绪。现已公认的是，我们在不同情绪下体验到的身体上的变化很有可能是一样的；只是我们对环境的解释等致使我们把这些感觉标识为某种特定的情绪。

想象一下，当你觉得很热、身上冒汗的时候，有可能发生了什么。如何解释这些身体感觉取决于在你感受到它们之前发生了什么：

- 场景1：在感到热和出汗之前，你使出了洪荒之力追赶一辆公交车。你会马上想到，你突然之间的运动导致了身体上的感觉（然后想到可以因此变瘦你又觉得释然了）。
- 场景2：几分钟之前，你躲过了一场车祸。你正低头走在人行道上，边走边想着心事。突然之间，一辆公交车骑上了马路牙子，与你擦肩而过。在意识到自己刚刚所处的危险境地后，你把热和出汗的感觉解释为恐惧。
- 场景3：这一次，你在公交车站，不过公交车并没有靠站停车，而是径直开走了。车上有很多空位置！此时，你把热和出汗的感觉解释为愤怒。

因此，情绪体验是在我们意识到自己的身体变化以及给予它们合理解释的基础上产生的。从框1－4中，我们可以看到一些有趣的研究。

框1－4

1．吊桥效应

心理学家达顿（Dutton）和阿伦(Aron)[12]来到加拿大的卡皮兰诺峡谷，这里架有许多桥。其中有一座吊桥看起来非常危险，架在空中摇摇晃晃，而且非常倾斜，人走上去总觉得会从 70 米高空掉落到峡谷里去。另一座桥则是非常坚固的木桥，仅 3 米高，架设在一个很浅的峡谷上。人们走过危险吊桥时会被唤起恐惧的情绪——他们的脉搏加速，可能会流汗，心脏怦怦地跳。事实上，这也是他们选择这座桥来进行实验研究的原因。在那座木桥上走过时是不会有这些反应的。

研究者分别对走过这两座桥的男士进行访谈，并且测试他们在多大程度上被桥对面站着的女士所吸引。研究结果表明，相对于安全木桥，走过危险吊桥的男士觉得女士更有吸引力。研究者给出的解释是，走过危险吊桥的男士把在桥上体验到的一系列身体反应解释为他们见到女士后的怦然心动；走过安全木桥的男士则没有产生这种身体反应，因此也没有误解。

这个实验也向我们展示了为什么有过共同情绪体验（例如一起赶工、一起签了一个大单等）的同事之间会产生爱情，因为他们把期间体验到的情绪误解为爱情！

2．肾上腺素研究

心理学家沙克特（Schacter）和辛格（Singer）[13] 进行了一项有趣（但在现今的规范下存在道德方面的争议）的研究，表明了我们的情绪是可以被操控的，只要改变我们对情绪产生时身体变化的标识。

参与者被告知，研究者正在进行一项有关维生素的研究。其中一半人接受盐水注射（盐水注射组），另一半人则接受类似于肾上腺素物质的注射。肾上腺素能让人觉得燥热、出汗，引起心跳加速。

肾上腺素注射的参与者被分成三组：第一组被告知注射之后他

们会感到心跳加速，手心出汗（正确告知组）；第二组被告知注射之后他们会觉得身上发痒（错误告知组）；第三组没有被告知任何信息（未告知组）。随后，他们被一位表现得咄咄逼人且非常暴躁的研究者带走，目的是引起参与者的愤怒情绪。那么，哪一组的参与者会更多地体验到愤怒呢？

研究者发现，接受肾上腺素注射的错误告知组的愤怒情绪最为强烈。这是因为他们无法把体验到的身体变化归因为肾上腺素注射（不同于正确告知组），而只好归因于愤怒情绪。其他组的参与者或者有其他的解释方式，或者并没有体验到这些身体反应（盐水注射组）。

这些相同的误解也可能会发生在对无聊和倦怠的体验上。想象你现在正在做一项并不能让你全情投入的工作，例如一些书面工作或者重复的数据录入工作。你忍不住时常抬头看看钟表，希望赶快到下班时间，这样就可以回家做些有趣的事情。不过时间过得好慢，钟表看起来好像没有在走针。你想：天哪！这个工作真无聊！

现在，想象你在同样的处境，不过当你抬头看钟表的时候，时间过得飞快。这一次你会想：哇！我好像比想象中更投入到这份数据录入工作中呢！

这其实就发生在20世纪70年代的一项研究中[14]。研究展示了环境的改变是如何影响到人们对无聊的感知的。两组参与者完成相同的工作任务，调慢钟表组的参与者相对于正常钟表组的参与者，更多地表示他们觉得工作任务无聊。他们把时间的缓慢行进误解为了无聊。

在另一项研究中，参与者被要求完成非常枯燥的重复任务。一部分在嘈杂的环境中完成，另一部分在安静的环境中完成。嘈杂环境中的参与者把难以集中注意力归咎于环境，而安静环境中的参与者则归咎于任务本身[15]。

这些研究展示了我们对例如无聊的情绪体验在很大程度上是由我们对事件和环境的解释所决定的。在第四章和第五章中，我们会检验一系列影响无聊的因素（也会讨论为什么有些人更容易感到无聊）。

框 1－5　世界上最无聊的日历

如果你家墙上能挂上以下任何一幅日历，我想你是不会再看上其他的了。

- 威尔士的邮箱，2015 年
- 快速消失的红色——威尔士的电话亭，2014 年
- 树丛中的山羊，2012 年
- 雷迪奇的环形交叉口，2003 年（全球范围内卖掉了 10 万份）
- 高原牛，2015 年
- 全球厕所，2015 年
- 北美的谷物升降机，2015 年
- 城市里的鸡和它们的笼子，2014 年
- 英国的迟钝男士，2015 年

无聊是一种怎样的情绪?

无聊，被称为“现代社会的瘟疫”[16]，是我们体验过的一系列情绪状态中的一种。与大多数人的设想不同，无聊并不是无所事事的结果，而是在某个时间段内所做的事情不够有吸引力。事实上我们很难设想出在哪种情境下，一个人除了完全无事可做以外没有任何的选择（除了被关在单人监狱里的犯人）——而是我们在所想到的可做的事情里没有一件是我们想做的。

我们会发现，自己在做同一个任务或处于同一个情境时，只在某些时候会觉得无聊，而别的时候并不会。也就是说，同样的工作任务、情境或者人，在某一天非常能吸引我们的注意力，而在另一天却让我们生厌。显然，无聊并不是一个单维度的概念，比如任务 A 是完全无聊或者完全不无聊的；构成任务的元素肯定在某种程度上能与个人身上的特质产生交互作用（让一些人觉得厌烦的事情，在另一些人看来很有趣），也能与情境的特质产生交互作用（我可能在周一觉得写书很好玩，不过在周二下午却被阳光灿烂的好天气所诱惑而觉得写作很枯燥）。这些元素都会在后续章节中进行探索。

所以，无聊是部分独立于任务、情境和个人的。它被描述为某种“刺激程度很低，无法令人满意”的情绪状态[17]。缺乏足够的外在刺激导致了我们寻找新异刺激的神经更为兴奋——如果没有找到新异刺激，就会体验到无聊。换言之，就是目前处理的任务出于某种原因无法刺激到我们。无论是因为有其他事情让我们分心，还是由于这个任务本身就很无聊（也许是重复性或者较少需要脑力——在后续章节中会继续讨论），重点是它在某种程度上不够刺激。于是我们挖空心思去寻找缺失的刺激感。如果找到了，皆大欢喜；如果寻而未果，我们就会体验到那种被我们标记为“无聊”的情绪。在努力对不够刺激的事物集中注意力时，我们付出越多的脑力，就越觉得无聊。

总而言之，无聊的情绪是在以下的情况中体验到的：

1. 神经兴奋度或者刺激程度不足；

2. 对那些本身不够吸引人的事物努力维持注意力；

3. 努力从外部寻找刺激来达到最理想的兴奋程度；

4. 我们意识到了以上的状况，并把由此产生的负面体验归因为无聊。

无聊是一种低兴奋度的状态，你不可能一边兴奋一边感到无聊。每个人都希望自己达到最理想的兴奋度，但这个兴奋度也是因人而异的。有些人喜欢低兴奋度，不需要太多的刺激，而另一些人则需要“载歌载舞”的气氛才能让他们觉得愉悦（这和每个人的性格是内向/外向有关，在第五章中会进行讨论）。如果兴奋度超过了理想的舒适区（例如信息过载），人们就会试图减少兴奋度（逃跑等）。同样，如果兴奋度太低，人们就会采取行动寻找没那么无聊的情境来提升兴奋度。因此，无聊经常被看作是一种回避的情绪，因为它触发了逃避的动机。不幸的是，在很多种情况下（沉闷的会议、呆板的工作任务等），我们无法找到提升兴奋度的方法——虽然我们试过涂鸦、画方框、写购物清单等。在有些情况下，提升兴奋度的需求会导致冒险行为或者不良嗜好（例如吸毒、赌博等）——可查看第二章和第三章。

无聊是一种负性的不舒适的情绪体验，就像杰出的“无聊”研究者威廉·米库拉斯（William L. Mikulas）和斯蒂芬·沃丹洛维奇（Stephen J. Vodanovich）说的一样，“人们肯定不喜欢无聊”[18]。你也可能在低兴奋度的情况下觉得很舒服——你感到放松且满足，并不觉得无聊。同样，有些人享受“无聊”的感觉，完全沉浸在无所事事的状态中：《卫报》2007 年的一篇报道称，时任美国总统小布什非常期待在 2009 年 1 月卸任后能享受到“无聊”的生活状态[19]。他最新的休闲时光的成果包括他的书 *Decision Points*（决策点）和一系列世界领袖、狗、躺在浴缸中的自己的画像。这其实并不是真正的无聊，而是对现状不满的表现。

无聊是一种有关注意力的现象，它的相反状态是全神贯注，或者是幸福大师米哈里·契克森米哈赖（Mihaly Csikszentmihalyi）提出的“心流”[20]，也就是我们能毫不费力地集中注意力的感觉。当“心流”发生的时候，我们全情投入在所做的事情中，完全不会分心。“无聊”与“厌恶”“失望”之类的不满情绪是不同的[21]，甚至可以说与多数其他的情绪都不相似，因为“它没有如愤怒或者害怕那样短暂且强烈的真实感受”。大部分的情绪贯穿于人类的历史之中（愤怒、嫉妒、失望等情绪都在《圣经》和莎士比亚的作品中出现），而无聊似乎是一种彻头彻尾的现代情绪，直到 19 世纪中期这个名词才被发明出来。它被认为是现代化带来的灾难，随着日益增加的例行程序、重复劳动、办公室工作、官僚主义、自动化和系统化而产生（后续章节会讲到更多的原因）。但这并不意味着无聊只产生消极作用——相反，在第十一章中会提到，为了消除无聊而进行的对刺激的探索也可以成为积极的正能量。

框 **1－6** 世界上最无聊的实验

有些人一听说我在研究无聊，就认为这定是件特别无聊的事情（这不是！）。有些研究远比我“无聊”的研究更无聊！例如，世界上历时最长的科学研究，自1927年起，科学家已经花费了近90年的时间观察沥青并记录它少见的滴落，只为了证明沥青虽然看起来是固体，但实际上是液体。该实验的发起人是澳大利亚昆士兰大学的托马斯·帕内尔（Thomas Parnell）（1881—1948）教授。在过去的75年间，仅有8滴沥青滴落。第一次是在1937年，10年之后的1947年观测到了第二次滴落。之后的滴落年份分别是1954年、1962年、1970年、1979年、1988年和2000年。这个研究现在有专属的网站（http://smp.uq.edu.au/content/pitch-drop-experiment），方便世界各地的爱好者同时观察沥青，他们都期待着能亲眼看到下一次沥青的滴落（在未来的100年间，随时都可能发生）。与此同时，他们认为对无聊进行研究是件枯燥的事情。

还有些研究者，他们在竞争“世界上最无聊研究创造者”的荣誉中不相上下：

- 亨丽爱塔·勒维特(Henrietta Swan Leavitt):她在马萨诸塞州

的哈佛大学天文台工作，作为研究员，她自1895年起，用了20年时间扫描照片底片，给星星的亮度进行归类。

- 乔治·安格(George Ungar):这位就职于贝勒医学院的杰出药理学家在1968年训练了17000条金鱼，让它们识别颜色，之后解剖每一条金鱼并检查它们的大脑。

无聊的种类

无聊的体验不尽相同。无聊的研究者，例如诺曼·桑德博格（Norman Sundberg）、理查德·法默（Richard Farmer）在1986年（他们开发了《无聊倾向量表》，在后续第五章中会提到），斯蒂芬·沃丹洛维奇（Stephan Vodanovich）在2003年[22]都曾提出，无聊分为两种：

1. 以寻求刺激的欲望为标志，焦躁不安，寻找精神的兴奋。

2. 以负性情绪和退缩行为为标志，有脱离群体、孤僻的倾向。

框1－7　枯燥、无聊和乏味的生活地

美国的无聊镇（Boring Town）靠近波特兰，是以它的创始人William H. Boring命名的。他从19世纪70年代开始在这片区域进行农耕。最近，无聊镇和位于格拉斯哥北部121千米的苏格兰的枯燥镇（Dull Town）结为姊妹镇（非官方的，无聊镇的面积太小，没有拥有姊妹镇的资格）。这两个姊妹镇以路标（“欢迎来到枯燥镇，我们和无聊镇是一对”，或者对调一下名字）和官方的年度

“枯燥和无聊日”（最近一次是在 2015 年 8 月 9 日）来纪念它们结为一对。目前，组织者正在期许和澳大利亚的乏味镇（Bland Town）建立关系。

在 2014 年，来自德国康斯坦茨大学的汤玛斯·戈茨（Thomas Goetz）以及康斯坦茨图尔高教师教育大学的同事一起拓展出了更多种无聊的类型。他们在两周之内每天多次收集来自大学和高中学生的实时数据[23]。63 所大学和 80 所高中的学生做了手机端的调查，调查内容是关于他们的活动和体验。调查结果用于区分四种不同的无聊（后续有五种）。我们中的一些人在不同的时间点体验过不同类型的无聊，而许多人却只在他们的生活中体验过一种。

无调型无聊：这是最愉悦的一种无聊形式，体验起来非常放松，甚至是积极的。你只是放空了大脑，在大脑走神中感到愉悦，并没有刻意寻求刺激的需求。

神游型无聊：这种无聊体验起来就没那么舒服了。大脑在神游中寻找刺激，但是不会真的得到满足——或者是因为个体并不知道怎样才能找到那种刺激，或者是因为个体所在的环境里那种刺激并不存在（例如在一个枯燥的会议中，其他令人兴奋的选择是受到限制的）。在这种状态下，大脑中的想法游游荡荡，但人们并不知道自己想做什么。人们明明可以选择做些别的事情，但他们并不一定积极去寻找。

找事型无聊：与神游型无聊相比，找事型无聊的人更为积极主动地寻找有趣的事情做。找事型无聊体验起来也更不愉悦。找事型的人会做一些无害的行为，例如给朋友发短信或者涂鸦，当然，也会做出一些有创造性的行为，后续会在第十一章中进行讨论。

烦躁型无聊：这是最消极的一种无聊形式。困在这种情绪中的人焦躁不安并对体验到无聊感到紧张。他们通过对抗环境来寻找逃离无聊的出路，因为他们相信是所在的环境导致他们体验到无聊。烦躁型的人会做出敌对行为或攻击行为，像故意破坏或者暴力。

无感型无聊：这是最新发现的一种无聊形式。这是一种非常不舒服的无聊，陷入其中的人感到缺乏动机。有点类似抑郁或者无助，是一种最能产生消极影响的无聊类型。36%的受测学生被认为体验到了这种无感型无聊。

另外还有两种类型是慢性（存在型）无聊和情境性无聊。我们通常能在枯燥的会议或者朋友展示厚厚的假日相册时体验到情境性无聊。慢性无聊则是我们对生活本身感到无聊，它通常与"意义感"相关。研究显示，拥有"生活意义感"通常能预测无聊的程度，改变对"生活意义感"的看法能够导致无聊程度的改变[24]。感到生活没有目标或没有意义会导致"存在的空虚"[25]，表现出来就是以冷漠和无感为标志的无感型无聊。巴巴莱特（J. M. Barbalet）于1999年发表了一篇论文，题为《无聊和社会意义感》[26]，文中提到"行为或环境的意义感缺失导致了无聊的体验"。后续的研究者更进一步指出，无聊的核心就是认为所从事的活动没有意义[27]。因此无聊带领我们去寻找意义感。研究者发现，经常感到无聊的人比那些不经常感到无聊的人，更为热切地渴望寻找生活意义感[28]。

在后续的章节中会讨论意义感和无聊的关系。

测一测：你的无聊程度有多深？

针对下列问题勾选最符合的选项。

1. 在超市排队结账的时候，你通常：

享受远离繁忙的当下（1）

感到不耐烦（4）

发现自己在神游（3）

看别人的购物车来打发时间（2）

2. 在参加工作会议的过程中，你通常：

注意力分散（4）

全神贯注并享受当下（1）

在会议记录上涂涂画画（2）

不间断地看手表（3）

3. 在上下班路上，你会：

看报（2）

办公（1）

看窗外（3）

不耐烦地叩手指（4）

4. 和别人交谈时，你会：

全神贯注地听对方讲话（1）

主动结束话题（2）

经常打断对方的话（3）

偷瞄你的手表/手机（4）

（续）

5. 在工作日的早晨，你会：
期待新一天的挑战（1）
想回家睡觉（2）
努力找到些可以期待的东西（3）
害怕这一天（4）

6. 看报纸的时候，你会：
从头到尾地阅读（1）
先看招聘广告（2）
浅尝辄止地跳读（3）
找不到多少感兴趣的内容（4）

7. 你的同伴告诉你他/她这一天的经历，你会：
注意力分散（4）
问相关的问题（1）
同时做些别的事情（3）
努力抑制打哈欠的冲动（2）

8. 如果你给一个孩子读睡前读物，你会：
大脑游离在故事情节之外（3）
完全投入在故事中（1）
喜欢和孩子在一起（2）
以最快的速度读完（4）

9. 你会经常感到：
无精打采（4）
充满能量（1）
失去动力（3）
热情高涨（2）

10. 你认为无聊是：
你生活中很少出现的东西（2）
应该努力避免的东西（4）

（续）

好事一件（1）

在你生活中太常见了（3）

现在，数一下你得了几个 1 分、2 分、3 分和 4 分。

大部分是 1 分

无聊对你来说并不是一个显著的问题。你擅长在枯燥乏味的事情中找到乐趣；能找到自己的兴趣所在是你的技能。用这本书来精进这项技能吧。

大部分是 2 分

无聊是你生活的一部分，但你很善于处理无聊。你在无聊的时候通常能找到方式处理这种情绪，可能是尽力找到情境中有趣的部分。

大部分是 3 分

对你来说，无聊是个问题。生活太无聊了！你努力挣扎着想要找到建设性的方式以填补无聊的时光，并经常难以集中注意力完成手头的工作。你需要更好的应对机制来度过生命中无聊的片段——这本书会帮助到你！

大部分是 4 分

你是对生活感到厌倦了！你的生活大部分被无聊所吞噬。在日常的工作任务中，你难以找到乐趣，大部分时间你都是匆匆了结它们，或者只是盯着钟表，让时间把枯燥乏味带走。这本书可能无法带走你生活中所有的无聊，不过可以帮助你学习到更多有用的应对策略来减少一些无聊。

＊这份测验并不是一个诊断工具，只是帮助你思考如何应对无聊的一个好玩的方式。

第二章　寻找刺激与意义感

如第一章所示，无聊是一种不满足的状态。无聊状态中的我们充满了摆脱无聊的动力，这种动力归根结底是无聊本身。如果我们没有体验到持续增长的寻找刺激的动力，那就不能把那种体验称为无聊，而完全是其他体验（例如放松）。如何才能不无聊呢？我们试图去寻找额外刺激。事实上，我们只能通过两种方式来做到这一点：

A．把注意力和资源重新集中到目前从事的枯燥任务或活动中，努力把它们变得有意义或者更刺激。

B．寻找额外刺激源，而不是围着手边的枯燥任务转；这些额外刺激可能来自我们的外部活动，或者我们的内部活动（例如用我们的大脑）。

根据我多年的观察发现，不同人群在无聊的时候所做的事情都可以归为这两类。例如，我访问 102 位白领在工作无聊的时候会怎么做[1]，最普遍的回答（超过 60% 的人——详情见表 2－1）

是喝点东西，通常是咖啡和茶。这可以归属于B类，主要目的是寻找一点外界的感官刺激，不让枯燥无聊蔓延下去。几乎有同样多的人会在无聊的时候找别人说话，这也可以归属于以增加其他刺激为目的的B类（通过别人来刺激自己）。

45%的人会在无聊的时候“思考”。如果他们是在思考如何把手头的工作变得更有趣，那可以归为A类；但是如果他们是在思考晚上吃什么或者怎么解决国际争端，就得归为B类了。

有趣的是，43%的人会在无聊的时候吃东西——通常是巧克力或者垃圾食品。这也是我为什么在一次英国心理学会会议上把我的一篇文章命名为“一天一块糖，无聊不在我身旁”（或者“为什么无聊支撑起了制糖工业”）的依据。[1]后续会阐述更多关于吃和无聊的内容。

表2-1　无聊的时候，我们做些什么？

对102位白领进行调查的结果	
活动	**所占人数百分比（%）**
喝点东西，比如咖啡	64
和别人聊天	60
思考	45
吃点东西，比如巧克力	43
神游	33
列购物清单（或者类似活动）	29
涂鸦	26
听音乐	23
休息一会儿	6

大概有 1/3 的人无聊的时候会神游——属于 B 类型中的通过内部活动来寻找额外刺激，比如思考或者内部心理活动（第十一章中会讨论）。列购物清单（29%）和涂鸦（26%）也属于 B 类，是通过外部刺激来消除无聊，但是听音乐（23%）则属于 A 类，因为它能让人重新集中注意力处理眼下枯燥的任务。

我的受访人中极少提到真正属于 A 类的能够让枯燥任务变得有趣或者更有意义（比如通过不断提醒自己它的重要性）的办法。正如第一章中提到的，任务的意义感缺失造成了无聊，所以任何能够提升意义感的方法都是应对无聊的有效途径。但问题在于，这做起来非常困难，尤其当那些任务是琐碎、重复、缺乏个人意义的或者是日常的、非常简单的。在第九章中会继续讨论这个话题。

后续章节中也会讨论到其他更多关于这个调查结果的内容。

为何我们会在无聊时吃东西？

我的研究显示：吃东西是我们打发无聊的方式之一。令人惊讶的是，关于吃与无聊的研究并不多；虽然有大量关于“情绪性饮食”的研究，但很少聚焦在饮食与无聊的关系上。最早揭示无聊与饮食行为相关的研究可追溯到 1977 年，心理学家发现，被要求做枯燥任务的实验参与者比做有趣任务的参与者吃得更多[2]。2004 年普奥利医院对 2000 人进行了一次调查，发现有 47% 处于 16 到 24 岁年龄段的人以及 40% 处于 35 到 44 岁年龄段的人都声称他们会在无聊的时候吃东西。这个数据与我的研究结果非常相近[3]。

2011 年博林格林州立大学进行的一项研究证实了无聊—饮食关联的普遍性[4]。该研究中的 139 名参与者填写了《情绪饮食量表》来报告他们的饮食习惯，该量表被用于评估情绪在多大程度上触发了饮食行为。原版的量表根据情绪被分为三个分量表：(1) 抑郁量表；(2) 焦虑量表；(3) 愤怒/沮丧量表。不过在这个研究中又加入了一个新的量表——无聊量表。结果显示，由无聊引发的饮食行为远远超过了由其他情绪引发的饮食行为。

这进一步证实了 1977 年加州州立大学的一个研究发现。该研究的目的是检验肥胖人群和非肥胖人群的饮食行为差异。实验的参与者在吃饱喝足以后被要求完成一项枯燥的任务。在执行任务的过程中，参与者可以继续饮食。研究者主要记录食物的消耗情况。结果显示，虽然 30 位肥胖参与者的食物消耗量远远高于非肥胖参与者，但枯燥的任务让这两类参与者的食物消耗量都显著增加[5]。

以上的研究都告诉我们，饮食可以提供一定的刺激，也因此成为我们缺乏刺激时会做的事。但是，为什么饮食可以提供我们所渴求的额外刺激呢？科学家们认为答案藏在我们大脑中的一种化学物质——多巴胺里，它能够为我们提供愉悦的刺激。研究发现，无聊与多巴胺水平的下降相关[6]，消除无聊的诉求本质上是增加多巴胺活动水平的需求。卡尔加里大学希腊和罗马研究院的彼得·图希（Peter Toohey）教授在他的书《“无聊”之有聊历史》中提到“容易感到无聊的个体可能天生多巴胺水平比较低，这就需要他们对新奇的事物有更强烈的感觉——为了多巴胺水平的上升”[7]。

提高多巴胺水平的方式有很多种，比如喝酒和嗑药。但是在日常工作和生活中，有很多方式都是不可取的。然而，吃总是可以的。

多巴胺的产生能让我们体验到兴奋和刺激，这是因为在人类的进化过程中，它对人是有益的，因而也就变成了我们所渴求的东西。多巴胺与适应性的行为相关，也就是说，它是为了人类的生存而产生的。进食当然是有利于生存和进化的行为，我们的身体也就充满了进食的动机，因此吃东西的时候就会产生愉悦的多巴胺[8]。吃高糖和高脂肪的食物时，多巴胺的分泌水平更高，因为对于我们饥饿的祖先来说，这更有利于提高生存概率（当然，在食物充足的第一世界，情况可能是相反的）；也有研究发现，摄入垃圾食品时，多巴胺的分泌方式和摄入海洛因时是一样的（虽然强度较低）[8]。

多巴胺并不是让我们热衷于在无聊的时候吃巧克力的唯一原因。新异食物提供的兴奋和刺激（后续章节中会探讨）也让我们无法对一种食物从一而终。蔬菜瓜果只有那么几种，但垃圾食品五花八门，它们既满足了我们对吃的需求，也满足了我们对多样性和新鲜感的需求。事实上，研究发现了被科学家称为“追求新奇的人格”与肥胖之间存在着某种联系。圣路易斯华盛顿大学的一篇评论中提到[9]，肥胖人群比瘦子们更倾向于追求新奇；他们也更难瘦身。其中给出的一个理由是，高度追求新奇让人经常性地寻找新的感觉刺激，由此导致饮食过量（第五章会讨论“追求新奇的人格”，第四章会讨论“追求新奇和无聊之间的关系”）。

一种切断“无聊—食物”链接的办法是找到其他提供新异刺激和兴奋的方式。

请给我一杯“忘无聊”咖啡

我的调查结果显示，喝点什么是人们在无聊的时候最为普遍的做法——至少在工作中是这样。我虽然在调查中没有具体问被调查者会喝什么饮料，但咖啡因类饮料似乎是优选，例如咖啡和茶。《新科学人》杂志指出，咖啡因是这个星球上最为流行的“精神药物”，在美国有90%的成年人每天都会使用[10]。芬兰被认为是世界上摄入咖啡因最多的国家，芬兰人平均每天要喝4到5杯咖啡[11]。因此，我们可以有充分的理由认为无聊至少在一定程度上导致了咖啡因的摄入；1988年的一项研究探索咖啡因摄入量对大学生无聊感的影响，结果发现，咖啡因能够降低无聊的水平（虽然也提高了紧张度和“神经质”）[12]，表明了咖啡因对饮用者的大脑产生了影响（或者至少通过相同的加工过程增加了警戒度）。

那么，咖啡因是怎样减少无聊的呢？你可能会认为它的作用机制和食物一样（通过多巴胺），事实上略有不同。无聊是习惯化过程的结果——我们习惯了某个刺激以后就不会再被刺激到了。习惯是一个适应过程，这使得我们在旧刺激持续发出信号时不会分心，而依然能对新刺激有感觉。它也使得我们不再去关注相同的东西，节约宝贵的注意力资源。想象一下，如果没有习惯化，生活会是怎样的：我们会对玉米片、下雨、掉叶子等万事万物保持长期的警戒和兴奋状态，就像永远在学步的儿童。习惯化帮助我们过滤掉那些不再需要注意的东西（见后续第十一章）。

然而，习惯化也会不合时宜地出现。例如，做一些重复的事情就会习惯，也就是说，这件事情不再让我们兴奋了，无聊也就出现了。而咖啡因有延缓习惯化节奏的神奇功效，因此，无聊在来到我们身边时也就放慢了脚步。

为了了解咖啡因是如何减少无聊的，我们需要了解一点咖啡因如何影响大脑的知识。咖啡因在被摄入之后最多 30 分钟被吸收进入血管中，然后绑定在被称为 A1 的大脑中的接收器上（尤其海马、大脑皮层和小脑）。这些接收器通常通过抑制多巴胺（和其他神经递质）的分泌来进行习惯化的工作，而咖啡因阻断了这种抑制过程，也就增加了多巴胺的分泌。结果就是兴奋度、警觉度和注意力的增加——也就减少了无聊[13]。

涂鸦、比尔·盖茨和无聊

研究表明，有 1/4 的人会在无聊的时候涂鸦。比尔·盖茨和我们一样，是一名多产的涂鸦者，因为在某世界经济论坛上留下了一叠涂鸦画作而成名，时任英国首相的布莱尔也参与了此论坛[14]。为了搞清楚为什么比尔·盖茨和 26% 的人都会在无聊的时候涂鸦，我们需要看一下无聊的时候我们的大脑发生了什么。无聊中的大脑并不是在休息，而是间歇性地搜寻刺激。所有无聊时的 B 类行为都是提高大脑中的刺激的方式——涂鸦是其中一种。

涂鸦实际上是一种机智的战略，它能让大脑在得到适量刺激的同时又能够让我们留意周围发生了什么。所以，当我们处在枯燥乏味、缺乏刺激且需要实时观测的环境中时，例如开会，涂鸦是明智之举。否则，我们可能会沉浸到白日梦或者神游中去——过于刺激和引人入胜，以至于我们无法观测周围环境。涂鸦所消耗的认知资源少于白日梦，可以让我们留在当下的同时不被无聊所吞噬。

框 2－1 涂鸦

涂鸦可以是画方框、画线条、画画或者画草书——注意力被其他事情占据时画出的任何东西。《牛津英语词典》中记录，“涂鸦”（doodle）这个词首先出现在 17 世纪早期,意思是“傻瓜”，可能来源于德语单词。在《扬基歌》（*Yankee Doodle*）中的意思应该也是“傻瓜”。这首歌是在美国独立战争以前英国殖民者最早传唱的。这也是 18 世纪早期把 doodle 当作动词的来源，意思是“欺骗某人或者愚弄某人”。20 世纪 30 年代，它的现代释义才出现，可能来源于之前的“doodle”，也可能来源于“to dawdle”——17 世纪产生的词语，意为“拖延”。

普遍的涂鸦包括给单词上色、画方框、给纸张的边缘画花边、画脸、画花和画心。有些人认为涂鸦能够揭示我们的潜意识，因为涂鸦时我们的意识正忙于其他事情[15]。

英国普利茅斯的认知心理学家杰基·安德雷德（Jackie

Andrade）最近在《应用认知心理学》[16]杂志上发表了一篇关于涂鸦研究的文章。该研究的实验参与者被要求听完一段冗长又无聊的电话录音，其中一半的参与者在听录音的过程中需要完成涂鸦任务。录音播放结束后，研究者测试参与者对录音内容的记忆量，结果发现，涂鸦任务参与者的记忆量比无涂鸦任务参与者高出了30%。因此，在枯燥无聊的情境中，涂鸦可以帮助我们集中注意力，以免我们进入白日梦状态。

他们在放我的歌：为什么音乐可以赶走无聊？

大约1/4的人会在无聊的时候听音乐。它可以通过提供额外刺激来赶走无聊，让我们重新关注手头需要处理的事情，而不是急切地寻找刺激。运动心理学家斯塔斯·卡拉吉奥吉斯（Costas Karageorghis）博士以及布鲁内尔大学的研究者们发现音乐可以为运动员提供缓解无聊的额外注意点，由此也能减少他们对努力的感知；无聊的时候，需要付出更多的努力来完成任务——努力地处理刺激，正是对这种努力的感知被解释为无聊。斯塔斯·卡拉吉奥吉斯博士把音乐称为“合法的药物”，因为听音乐会降低无聊水平，从而付出更多努力（我们并没有感觉付出了努力，因而感觉自己积蓄了很多能量），也就能有更好的表现[17]。在一个关于驾驶的研究中也发现了类似的情况：《事故分析与预防》杂志上发布了一项研究成果，听音乐能提高驾驶员的脑力（被感知到的付出的脑力比实际付出要低，因而能投入更多脑力）[18]。无聊本身包含着冲突的两面，一面是习惯化，另一面是为了完成手头的任务而要维持适当兴奋度。如果音乐能帮助我们维持兴奋度，那么我们就能克服对枯燥任务的习惯化。

另一种解释为什么在处理任务时音乐能帮助维持注意力（A类）的理论是认知补偿策略。个体注意到一部分认知资源被听音乐占有时（达到了满足刺激需要的目的）会补充注意力到手头的枯燥任务上。

框 **2-2** 我们真的会在无聊的时候打哈欠吗?

无聊的时候会打哈欠，看起来这是一条常识。与人交谈或者听演讲的时候，打哈欠会被认为是一种侮辱——它向说话人发出了一种信号“你说得太无聊了，我们要睡着了”。这种观点可能是正确的，因为有研究显示，我们会在无聊的时候打更多哈欠。马里兰大学的心理学教授罗伯特·普罗文（Robert Provine）让参与实验参与者看电视上枯燥的测试卡片30分钟，然后与另外一组看更有趣的音乐录影的参与者进行对比，发现看测试卡片的参与者比看音乐录影的参与者打哈欠更多，甚至多出了70%[19]。

滑动屏幕，无聊灰飞烟灭

我的调查中显然没有包括某种打发无聊的方式——用电子产品满足寻找刺激的渴望。刷网页、登录社交媒体和发微信都是我们用来应对无聊的方式——你只需要在机场或火车站环顾四周，就可以看到很多人在盯着发光的手机屏幕。由堪萨斯州的助理教授约瑟夫·乌格林（Joseph Ugrin）和南伊利诺伊大学的副教授约翰·皮尔逊（John Pearson）共同主持的一项研究发现，人们会在工作日花多达60～80分钟的时间上网[20]。我的调查中没有包括这个选项，是因为调查对象的雇主们拒绝考虑他们的员工会在上班时间做这种事情。有许多公司禁止员工在上班时间把网络用于与工作不相关的内容（一个充分的理由是：一项研究声称每年因“上班上网”而损失的生产力高达1.78亿美元[21]）。因此，我的调查对象很可能会拒绝承认他们会在上班的时候上网。

学生就不存在这些顾虑。一项针对美国6所大学的777名学生的调查发现，90%以上的学生承认他们会在上课的时候上网，且内容与课堂活动无关；其中有55%的学生声称这么做是为了打发无聊[22]。

另有些其他的研究也与上述观点一致，我们在无聊时会沉溺在电子产品中。美国的互联网研究机构Pew Internet & American Life Project在2011年对2277名美国人进行了调查，内容是关于他们使用手机的方式：其中有42%的人把手机当成是一种打发无聊的娱乐方式[23]。2012年发表在《广播与电子媒介》杂志上的一篇研究文章公布了对417名大学生的调查结果：美国人每月花在Facebook上的时间是8个小时，原因很简单——他们觉得无聊[24]。

框2－3　最受欢迎的消遣网站

根据2014年10月版本的Nerd杂志，以下这些网站是人们无聊时的最佳去处：

http://literallyunbelievable.org

http://www.peopleofwalmart.com

http://www.damnyouautocorrect.com

智能手机已经改变了我们对待非工作时间的方式，这一点会在第六章中讨论。我们现在可以实时上网，任何不工作的时候都可以刷网页、发微信、更新状态和发微博。有一位评论员抱怨道：“在智能手机、平板和电子书的陪伴下，我们的社会越来越不能容忍无聊，只要轻轻一滑触屏，无聊就灰飞烟灭了。”[25]我们在第四章中会讨论这个现象的消极影响。

让无聊无处可逃

在一项还没有发布的研究中，我问过310个人，他们在长时间忍受无聊的时候会做些什么，例如下班以后。研究的详细情况会在第九章中讨论，这里呈现部分结果。

表2-2　上完一天无聊的班，你会做什么?

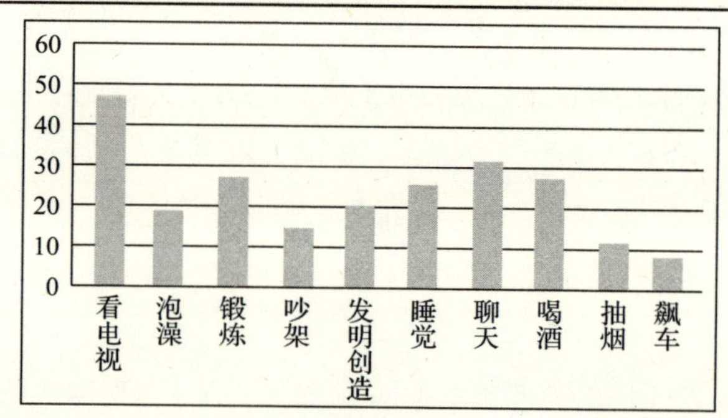

- 看电视：这是下班以后最普遍的消遣方式，也很容易理解为什么。电视是一种被动的提供娱乐和消遣的媒介——可以提供一定的神经刺激，尤其是在上了一天无聊的班之后；有一位研究者说“电视可以为无聊的日常生活补充提供必要的刺激”[26]。在第六章中会具体讨论电视作为娱乐方式的详细情况。

（续）

- 睡觉：在上述研究中，几乎有1/3的人声称他们在上了一天无聊的班后想睡觉——有些人在下班路上就会睡着。如果他们是开车而不是坐地铁下班的，睡觉是很危险的。根据国家睡眠基金会的统计，去年有37%的美国人在驾驶的时候睡着过（驾驶本身是一项枯燥的任务）[27]，在英国，这个数据接近7%[28]。在我们无法维持对环境的注意力时，更容易感到无聊，而困意就在此时袭来。1977年的一项研究发现[2]，无聊的任务更容易让研究参与者想睡觉。选择睡觉（而不是意外睡着）也是一种逃离无聊的方式。
- 泡澡：泡澡能够在我们需要额外刺激的时候提供感觉刺激（与“泡澡非常舒服”的观点略为冲突），因此也不失为一种优选。在劳累一天后泡热水澡还有其他的好处。伍尔弗汉普顿大学的心理学教授尼尔·莫里斯（Neil Morris）认为，经常泡澡可以显著降低对未来的悲观情绪[29]。这可能是因为泡澡时的安宁和平静提供了沉思的最佳机会。这种倾向于增加对未来期望感的沉思也可能增加生活意义感，反过来也就会减少无聊。
- 数东西：我的调查对象中有一位老师，她坦言会在沉闷枯燥的会议中数窗户上的玻璃。由此我写了一篇会议文章叫作《数窗户玻璃》[30]。在框2-4中会看到其他的数数行为，都是老师无聊的时候会做的事情。

框2-4　监考老师无聊的时候会做什么？

大多数人曾体验过考场里的紧张氛围，比如和邻座之间严格的距离要求，答题时绞尽脑汁、竭尽全力。但是你是否想过，那些走来走去的监考老师该有多无聊，他们在几个小时里反复地前后走动，检查有没有人偷看、做小抄或其他作弊行为。

《泰晤士报》教育副刊的网站和BBC的网站上[31]正好罗列了这些监考老师会在无聊的时候做的事情：

- 玩“盯着最丑学生看”的游戏
- 在考场里绕圈慢慢地“赛跑”
- 把考试题目翻译成外文
- 数数，例如房间里有几块砖，有几个左撇子学生，考场里有几个人咳嗽，等等
- 捏泥胶玩
- 赌哪个学生会想上厕所
- 联想肚皮舞的动作
- 跟其他老师比谁先跑到举手的学生前
- 计算，比如地板长度，或者考场用了几根柱子
- 和同事玩猜谜游戏
- 发短信

- 飙车：这与2011年英国的一项调查结果相一致。调查发现，容易感到无聊的摩托车手有更多的高危险驾驶习惯——例如紧跟前车、超速、疲劳驾驶或者边开车边神游——也许这能让他们觉得更兴奋[32]。
- 饮酒：在下一章中会详细阐述。
- 购物：购物是一种提供新异刺激的方式（买新东西），但男士似乎并不钟情于这种方式；根据Quidco.com的一项研究，男性在购物26分钟之后就觉得无聊了（女性在2小时后才会觉得无聊）[33]。随着网上购物的兴起，我们随时随地都能购物。
- 聊天：超过30%的人会通过聊天或者八卦来向他人寻求额外刺激。聊天能重新点燃倦怠的一天——八卦可能是最火热的一种聊天类

（续）

型。在庸庸碌碌、枯燥无味的工作日里，八卦扮演着提供刺激点的重要角色，自然也是打发无聊的重要方式[34]。也是出于这个原因，某呼叫中心杂志指出“恶意八卦通常是无聊的结果”，因此管理者得想办法降低员工的无聊水平，这样才能减少办公室八卦[35]。也许这也是名人杂志大火的原因——是不是因为我们生活得太无聊了，所以才会这么愿意八卦别人？

- 吵架：特指晚上和伴侣之间的吵架。有超过15%的人声称会这么做。这可能是由于第一章中提到的寻找兴奋的那种无聊导致的。伴侣用争吵或者对小事抱怨的方式来排解烦闷。
- 锻炼：出乎意料的，有接近30%的人声称他们会在做了一天无聊的工作后去锻炼。这是一种积极应对倦怠和焦躁的方式。很多人会在无聊的时候坐立不安、手指敲桌子或者抖腿，就好像他们充满了力量却无法释放；跑步恰好能释放这种力量。这种“释放力量”的“无聊”理论和“睡觉”理论不同，（这就解释了为什么有些人在无聊的时候会想睡觉而不是更有力量）两者的不同反应说明了无聊的不同类型，在第一章中有相关讨论。
- 更有创造力：大概20%的人相信无聊是有积极影响的；在第十一章中会讨论到它是怎样让人变得更有创造力的。

框 **2－5**　为了排解无聊，你会用多极端的方式？

到目前为止，我们讨论到的所有排解无聊的方式看起来都是合情合理的，但是最近发表在著名《科学》杂志上的一项研究揭示出，有很多人为了打发无聊采取了更为极端的方式。美国弗吉尼亚大学的蒂莫西 · 威尔逊（Timothy Wilson）教授做了一个实验：让学生处在一个完全没有外在刺激的环境里，一段时间以后，让他们选择是否要电击自己；在实验开始之前，他们体验过这种电击，并且表示并不喜欢。实验的结果表明，无聊的时候，人们更愿意被电击。也许他们是为了排解无聊才会想电击自己的，或者只要有点刺激（即使是痛觉刺激）就行[36]。

第三章　我们决定找点事——无聊的消极影响

2013 年 8 月某个阳光灿烂的下午，澳大利亚籍交换生 Christopher Lane 正在他女朋友家附近散步。他就读于位于俄克拉荷马州埃达的东中央大学，拿到了棒球奖学金。16 岁的 Chancey Allen Luna 用枪射杀了他，并跳上了 17 岁的同伴 Michael Dewayne Jones 的车，然后逃走了。15 岁的 James Edwards 也坐在车上。被捕后，Jones 承认他们用枪杀人是因为他们“觉得无聊”[1]。他们解释说“我们太无聊了，无所事事，所以我们决定杀人”[2]。

无聊是谋杀的罪魁祸首吗？

可悲的是，这种所谓的“一时兴起”的谋杀并不少见。近期，把无聊作为谋杀理由的案例已有多个[3]。

- 2010 年，在美国康涅狄格州，6 名少年刺死 25 岁的比萨厨师 Mathew Chew 后告诉警察，他们是因为无聊才这么做的[4]。

- 2008 年，22 岁的 Jeromie Cancel 闷死了大学生 Kevin Pravia。Jeromie Cancel 在受害人位于曼哈顿的家里用一个塑料袋缠住了他的脖子。公诉人说，Cancel 告诉他们，他是因为无聊才杀人的[3]。
- 2006 年，在英国，19 岁的 Stuart Harling 刺死了护士 Cheryl Moss；监狱看守人后来证实，Harling 说他是因为无聊才杀人的。
- 2014 年，16 岁的 Marcell Dockery 纵火，造成纽约市警察局的一名警察死亡，另有多人被严重烧伤——因为他觉得“无聊”[5]。
- 2014 年，23 岁的 Everardo Campos 在位于南卡罗来纳州格林维尔县的家门口被射杀。凶手是 17 岁的 Conrad Allen 和 18 岁的 Dameion Robinson。他们的谋杀动机是“觉得实在是太无聊了，想找点事情做”[6]。

然而，所有这些无聊导致的犯罪并不都是由年轻人实施的。2012 年，在澳大利亚维多利亚州的波特兰市，一名卡车司机需要去港口装载船上卸下的货物。船延误了。这位司机和他的两名同事需要等 18 个小时。在此期间，这些 50 多岁的大叔都太无聊了，于是卡车司机突然袭击了一名同事；袭击造成这名同事重伤。所有人都把袭击归咎于无聊，以至于受害者把公司告上法庭，声称他的重伤是由无聊造成的（该诉讼被最高法院驳回，并坚持称公司不需要为这起袭击负责，即使袭击是由与工作相关的无聊引起的）[7]。

以上案例都体现了无聊的消极作用。人们太想逃离无聊了，因而做出了一些可怕的行为。当然，直接判定无聊造成了谋杀（或者严重的身体伤害）是不合理的。毕竟我们大都体验过无聊，即使是在长时间的无聊状态下大多数人也并没有通过极端手段来排解。但是，本章内容会告诉大家，谋杀诚然是罕见的，无聊的阴暗面却离我们并不遥远。

闹事、赌博、酗酒和吸毒

1. 2011 年英国骚乱是由无聊的年轻人造成的吗？

2011 年 8 月 4 日，英国警察在路检过程中射杀了 29 岁的 Mark Duggan，地点位于托特纳姆地铁站附近的一座桥上——Ferry Lane bridge。人们对于警察给出的杀害这名青年的解释并不满意，由此导致了抗议警察不公正对待黑人的抗议和游行。紧接着，几名暴力分子和警察发生冲突，并损毁了警车、地方法庭、一辆双层巴士以及许多市民的房了和店铺。这起事件迅速引起了媒体的关注。一夜之间，托特纳姆零售区和伍德格林地区发生多次抢劫。接下来的几天，伦敦其他地区也发生同类事件，哈克尼、布里克斯顿、沃尔瑟姆斯托、佩卡姆、恩菲尔德、巴特锡、克罗伊登、伊灵、巴金、伍利奇、路厄斯罕、伊斯特汉姆区域发生了多起骚乱。从 8 月 8 日到 8 月 10 日，英格兰的其他城市，包括伯明翰、布里斯托和曼彻斯特等发生了多起被媒体称为“模仿暴力”的事件。我对当年的恐怖事件依然记忆犹新：在我的家乡，大曼彻斯特郡的索尔福德镇，我亲眼看见参与暴乱青年烧毁了当地的图书馆；在学校放假期间，我带我的孩子去利兹布附近的拉德福德镇玩，回家时天色已晚，我特别害怕遇到死灰复燃的暴乱分子。到 8 月 15 日为止，已有 3100 人被捕，其中超过 1000 人被起诉。整个伦敦一共发生了 3443 起犯罪事件，预计有 2 亿英镑的财产损失。相关的伤害事件造成 5 人死亡，16 人受伤[8]。

骚乱发生以后，评论员和研究者们为如此戏剧化的暴力和破坏事件寻找原因。许多人认为，那些与抗议 Duggan 枪杀事件毫无关联的年轻人之所以会加入到这些暴力事件中，仅仅是因为他们在放暑假的时候觉得很无聊；“参与暴乱者把无聊作为主要动机”，《每日邮报》在 2012 年的暴力事件分析中如此说道[9]；《每日电讯报》也报道称参与暴乱的年轻人觉得“漫长的暑假太无聊了”[10]。

这一事件告诉我们，无所事事的年轻人会把抢劫和纵火作为重新找到刺激的方式。对 Duggan 枪杀事件不知情或者完全不感兴趣的年轻人走上街头去抢劫商铺、偷窃高级时装、烧毁建筑只是为了填补无聊生活带来的空虚。后续的章节中会解释为什么现在的年轻人这么容易感到无聊。本章的内容让我们接受了一个观点——无聊可以是一种摧毁性的力量。

无聊可以引起反社会行为的观点并不是最近提出的，早在 2011 年英国骚乱之前就存在。2001 年，《福克斯新闻》曾报道，一系列严重的森林纵火案都是源于无聊[11]。2008 年，BBC 曾报道，英国莱斯特地区纵火犯罪率的增长可归咎于年轻人的无聊[12]。2009 年，美国坦帕湾的警察声称，无聊同样导致了 5 名“好”学生（其中两名的学科成绩全是 A）走上犯罪道路：他们用汽油和气泡水自制燃烧瓶后实施纵火，共烧毁 14 辆汽车和 1 栋房子[13]。2011 年，英国考雷公园的一群年轻人不断袭击当地巴士，家长解释说他们这么做的原因是年轻人觉得太无聊了，想不到还有什么事情可以做[14]。

继续来看，在搜索引擎里输入“纵火”和“无聊”，可以看到整页整页的故事跳出来。纵火只不过是无聊带来的其中一个灾难。

框 3－1　无聊的年轻人用激光照直升机，获刑两年

《华盛顿邮报》有一篇报道：2014 年加利福尼亚有一位 26 岁的青年向两架警用直升机发射高强度激光，造成了驾驶员暂时性失明。他在被捕时说，他是因为无聊才这么做的[15]。

2. 无聊引起赌博

2010 年《国际赌博研究》杂志上有一篇研究指出“无聊是引起赌博行为的一个重要因素”[16]。研究者们以一致性相关系数证明，赌博成瘾行为和自我报告的无聊水平之间呈现相关关系。研究者中有一位是研究无聊的专家——加拿大约克大学的约翰·伊斯特伍德（John Eastwood）。一项研究发现，对无聊的低忍耐度似乎是引起赌博的一个原因；另一项研究发现，赌博者的无聊水平越高，赌博次数就越多[16]。

事实上，在多项研究中，当被问起为什么会沉迷于赌博时，赌徒们都把无聊作为首要原因。例如，1984 年的一项研究发现，拉斯维加斯的赌博者把“无聊和兴奋”作为玩投注的主要原因[17]；2002 年关于老年人的一项研究发现，超过 30% 的人都坦言他们赌博是为了打发无聊[18]。很多逸事也能成为这些研究的佐证，例如英格兰足球运动员韦恩·鲁尼（Wayne Rooney）在他 2006 年的自传《我的故事》中说道，由于太无聊，他染上了赌博——“基本上，我就是因为无聊才这么做的”，书中写道[19]。

冒险和输赢提供的感觉刺激，很明显和“赌博—无聊”建立的连接相关。对无聊忍耐度较低的人群（第五章中的“易无聊人群”）或者长期处于低水平刺激生活中的人群会通过赌博的方式来提升刺激水平。有研究证实，赌博是为了提高兴奋度（而不仅仅是为了逃离无聊带来的不愉悦的感受）[16]。

当然还有其他寻求兴奋的方式，化学物质刺激也一样令人担忧。

3. 酗酒和吸毒

多方资料证明，无聊是吸毒的主要原因，吸毒行为较多发生在无聊的时候[20]。2009 年，英国“理智喝酒”基金会的一项调查发现，29% 的青少年把喝酒作为排解无聊的方式[21]。美国哥伦比亚大学的国家毒瘾和药物滥用研究中心的一项研究发现，“经常感到无聊”的青少年吸毒的可能性比正常水平高出 50%[22]。毒品和酒精都是能作用于大脑的物质，很显然，这对于想摆脱无聊的人来说是很大的诱惑。有时候，和能够“根治”无聊的行为（例如开始新的挑战，培养新的兴趣）相比，喝酒和使用药物是更易得的方式。除非处理好了引起无聊的根源，否则一旦尝试过了喝酒或吸毒，就很容易上瘾。在一项针对365名成瘾者的研究中发现，即使完成了治疗项目，他们还会因为无聊（焦虑、孤独和愤怒列其后）[22]而开始复吸或者再次酗酒。前英国足球队员保罗·加斯科因（Paul Gascoigne）戒酒后又在2013年故态复萌，他说“这样做只是因为觉得无聊”[23]。为此，他在美国亚利桑那州凤凰城的一个戒酒康复诊所待了一个月。

框3－2　嗜毒者因为无聊而希望进监狱

32岁的嗜毒者Lee Price生活在英国什罗普郡一个安静的小镇。2014年3月的一天，他感到生活太无聊了，于是给警察打电话，求他们把他送到监狱去。警察并没有接受他的请求，并且告诉他只有犯罪的人才能进监狱。于是他真的去犯罪了。他从当地的一个超市里偷了价值128英镑的东西，然后达到了他的目的：被判12周监禁[24]。

为什么无聊导致了冒险？

我们从第一章中知道，无聊的时候兴奋度较低。为了调和兴奋度，人们去寻求感官冲击或者刺激，但是在此过程中，偶尔会考虑不到个人安全。有些人会沉浸在不安全的性行为、飙车或者吸毒（上一段）中。在无聊时就做出此类冒险行为的人似乎“感觉寻求”这项人格特质较为明显。高“感觉寻求”特质的人对新奇体验、兴奋度和挑战度有强烈的需求，并且在低刺激度的环境里很容易感到无聊。

高“感觉寻求”特质人群和低“感觉寻求”特质人群的大脑有着奇妙的差异。最近，肯塔基州大学的功能性磁共振成像研究发现[25]，在面对强烈刺激的时候（在这个实验中用的是图片），高“感觉寻求”特质人群和低“感觉寻求”特质人群在大脑活跃区域方面有差异。无论看到的图片是愉悦的（例如怡人的风景）还是不愉悦的（例如一条蓄势待发的蛇），高“感觉寻求”者大脑中的岛叶部分都会被提前且强烈地激活。岛叶接受和分析来自身体的信号，所以当人兴奋起来的时候它就会被激活。

低“感觉寻求”人群在看照片的时候并没有显示出岛叶的激活现象，而是大脑中与情绪控制相关的部分——前扣带回，有剧烈的活动。这种激活在高“感觉寻求”者身上并不强烈。这意味着低“感觉寻求”者的情绪降低了寻求兴奋的需求，使得他们可以控制自己，避免做出寻找刺激的冒险行为，而这一点是高“感觉寻求”者缺乏的。

多巴胺假说

我们在第二章中讨论过多巴胺与暴饮暴食的关系，多巴胺也可能和冒险行为相关。多巴胺是与愉悦和报偿相关的主要神经递质。已有研究发现，某种特定多巴胺受体（D4 受体）水平较高的人群，感觉寻求的倾向也越高[25]。兴奋和新奇的感觉让多巴胺涌向这些受体，这种体验是非常能让人振奋的。但是，就像对其他很多事情一样，我们会习惯这样的多巴胺涌动，这也是为什么高“感觉寻求”人群需要尝试更多的刺激（和更多的危险）

行为来再次获得那让人振奋的感觉。对多巴胺涌动的追求让他们忽视了刺激行为有可能带来的危险。

框 **3-3** 极限运动的流行

近些年，极限运动越来越风靡。举例来说，从 1999 年起，美国玩滑板的人数增长了 50%。现在，有超过 1400 万人会定期玩滑板[26]。在 2000 年和 2011 年，美国大概有 400 万人由于玩极限运动受伤，例如冲浪、山地自行车、越野摩托车、滑板、雪地摩托车、滑雪和滑雪板[26]。

此类运动的流行有没有可能是因为日益无聊的现代社会增加了感觉寻求呢？在感觉寻求的过程中，我们的老朋友——多巴胺，在刺激和新奇的体验中得到释放。相对于其他方式来说，在这些运动中获得的多巴胺是相当可观的。事实上，冒险和多巴胺水平是有关系的：加州大学的欧内斯特·诺贝尔（Ernest Noble）进行了一项研究，发现了 D2 和 D4 多巴胺受体基因与冒险行为的关系。他在完成 1998 年的研究后估计，20%的人天生带有 D2 多巴胺受体，而 30%的人同时拥有 D2 和 D4 多巴胺受体[27]。

所有这些研究都揭示出，那些沉迷于极限运动、渴望多巴胺涌动的人，有的是因为需要这样的刺激（“感觉寻求”人群），有的是因为他们自身的多巴胺水平较低。这些人可以被称为 T 型人格，特点是追求刺激，“经常感到无聊”[28]。就像极限运动的风靡带来的疑问一样，T 型人格群体的增加有没有可能也是因为当今社会越来越无聊？（第四章会讨论）

铁窗里的生活也无聊

对于有充分时间和自由来通过各种活动娱乐自己的“普通人”来说，无聊产生了如此剧烈的影响（第四章有更多内容），那么对于那些受到限制的人来说，他们又将如何追求兴奋、摆脱无聊呢？监狱里的无聊也许不是我们许多人最关心的问题，但或许这个问题应该得到我们的关注：如果无聊可以让普通人变成反社会的暴徒，那它能对冷酷无情的罪犯做些什么——这将对社会产生怎样的影响？

如果我们觉得铁窗外的自由世界是如此的无聊（第一章，5~6页），想象一下，铁窗里的生活该无聊到什么程度。2010年《纽约邮报》有这样一篇报道，名人罪犯辛普森说内华达州的洛夫洛克惩教中心“无聊疯了”，他因持械抢劫被判监禁33年[29]。无聊并不仅仅是名人罪犯的困扰：修·门罗准将（Brigadier Hugh Munro）撰写的一篇报道中指出，监狱总督察在2012年称，在苏格兰唯一的开放监狱中，罪犯群体的无聊是一个问题；“除了健身房以外，犯人们几乎无事可做”[30]。2010年，犯人Ben在博客中把这个问题简化成“监禁的隐藏惩罚就是它是一个无聊到能让人发疯的存在”[31]。

这个问题重要吗？事实上，很重要。任何一个人感到无聊的时候都会想方设法地摆脱无聊，那么无聊引发的犯罪就会是个问题。2013年2月14日，英格兰戒备森严的长拉蒂监狱中的两名罪犯——48 岁的 Gary Smith 和 44 岁的 Lee Newell，携带着用笔和牙刷磨出来的武器，尾随另一名罪犯 Subhan Anwar 进了他的房间，用胶带绑住他的腿，并用他的运动裤勒死了他。这两名杀人犯对此给出的理由是“我太无聊了，找点事情做”[32]。

为了摆脱无聊，一些犯人重新走上了杀人的道路，更多的犯人开始吸毒。苏格兰《先驱报》中的一篇文章指出了监狱里的吸毒现象，“毒品可以消磨时间，是无聊的解药，如果要用一个词来形容现今的监狱，那就是——无聊”[33]。暴力也是无聊的解药，从上文的例子中就能看到。2011 年，关于英国本东威尔监狱的一篇报道称，那里的犯人过着“被无聊、暴力和吸毒所统治的生活”，大部分的人都无所事事[34]。这种无聊引发了一系列危险的监狱暴乱，包括 2009 年英国阿什韦尔监狱的 400 人暴动，该监狱的戒备水平较低，位于莱斯特郡，靠近奥克姆。时任国家监狱警察协会主席的柯林·摩西（Colin Moses）把暴动原因归结为缺乏能吸引犯人注意力的设施投入，于是造就了他所谓的“不开心的无聊的犯人”[35]。为了适应迅速增长的监狱人口，资源和预算都被投入到了监狱的扩建中，由此看来，监狱中的无聊会不减反增。

无聊造成的问题不仅仅体现在我们需要想方设法去摆脱它，无聊还会对我们的健康和幸福造成影响。无论是关在监狱里还是困在工作中，如果你受限于无聊，那么这就是个需要关注的问题。

框 **3－4** 无聊的黑客

你是否曾经好奇，那些黑客或者网络犯罪的动机是什么？有许多逸事报道都把无聊作为原因。英国设得兰的 20 岁青年杰克·戴维斯（Jake Davis），策划了世界上最大的窃听丑闻，他黑入了中央情报局（CIA）、英国严重及有组织犯罪调查局、亚利桑那警察局以及联邦调查局（FBI）下属的一个网站，并把罪行归咎于无聊[36]。另一个黑客，澳大利亚的安东尼·斯科特·哈里森（Anthony Scott Harrison）研发了一款能窃取网上银行信用卡信息的恶意木马病毒。他被描述为“无业、无聊并沉溺于电脑”的人[37]。2012 年，英国达灵顿的一位少年被军情五处逮捕，原因是他在暑假期间试图侵入某西北部警察局的电脑系统[38]。

此类逸事都说明，无聊是网络犯罪的一个因素，这也得到了科学家的理论支持，例如社会学家保罗·泰勒（Paul Taylor）在 2009 年的研究[39]，以及大卫·迪特里希（David Dittrich）和肯尼斯·希马（Kenneth Himma）2006 年的论文《黑客和网络犯罪》[40]。

无聊成为一种新的压力了吗？

从英国的 ***Daily Mail***（每日邮报）到美国的 **CNN**（有线电视新闻网），我从全球媒体搜罗证据来证明无聊是一种新的压力[41]。之所以提出这个观点，一部分是因为参与我研究的大部分人都认为无聊的时候感到有压力（框 3－5），一部分是与过往人们对待压力的方式做对比。

压力曾被认为是一件羞于承认的事，它是懦弱的象征。人们常常觉得，意志坚定的人可以很好地应对日常压力，当他们无力应对压力并因此而生病、翘班，他们更偏爱用一些冠冕堂皇的理由来解释，比如腰酸背痛、感冒了，而不会承认自己压力太大。

框 **3－5**　无聊和压力

各色各样的研究都证明无聊和压力有关。例如，21%的教师承认无聊让他们觉得有压力[42]；同样比例的学生也这么认为[43]。44%常感到无聊的超市工作人员也承认无聊的时候觉得有压力[44]。

当手头的事情没那么让人兴奋，而要为了提高注意力付出努力时，无聊产生了——这也是无聊被当作压力的原因。这个过程引发的刺激导致了精神紧张和焦虑；也有研究发现，无聊会导致“压力”激素皮质醇水平升高、心率增加，就像我们有压力时一样[45]。

虽然仍有些人拒绝承认自己有压力，但这种趋势在某种程度上已经改变了，如今压力已经被很多人理解和接受。在法律上，组织有责任保护其员工的健康和安全，而确保他们不会承受过高的工作压力也列在组织的权责范围之内。组织生活中有大量的压力管理项目；有压力也不再是羞于提起的事。事实上，我更愿意说，压力已经成为荣誉的象征：如果你不觉得有压力，那你的工作还不够充实，或者不够重要。压力变得相当抢手。

我认为，现在“无聊”正处于“压力”当年所处的地位。

它被当成羞于承认的事，谈到无聊的时候，人们总是会否认或者尽量少地承认。每次我在做有关“无聊”的演讲时，99%的听众承认他们有时（或者不经常）感到无聊，但总有人会举手并自豪地说，他们从来没感到过无聊。他们坚持说自己的生活充实、思维活跃，以至于不知无聊是何物。无论他们说的是真是假（我推测他们只是有完美的无聊应对机制，而不是从来没体验过），他们的言下之意非常清楚：只有那些懒惰、闲散、愚钝的人会无聊。

在我做那个工作场所的无聊研究时，很难找到配合的企业。原因是什么呢？企业拒绝接受这个观点——他们的员工会在工作中觉得无聊。某个CEO说：“我的员工那么忙，不可能有时间无聊。”他们不愿接受事实。无聊是生活的一部分。我希望在接下来的几年里，无聊可以变成和压力一样能被承认和接受的事情——组织可以把减少无聊纳入到职责范围内，就像减少压力一样。

无聊的时候不仅觉得压力山大，而且觉得压抑。无聊并不等同于抑郁，但是无聊的人更容易得抑郁症[46]，这可能源于第一章中讨论到的生活意义感。2012年的一项研究调查了845名吸毒者的冒险行为，发现高无聊水平者报告抑郁症状的可能性高出其他人5倍[47]。这类无聊就是第一章中提到的“冷漠”的无聊，对环境缺乏兴趣、缺乏感受、缺乏与生活和他人的联结。这些与抑郁症状是有相似之处的。

当然，抑郁症带有自杀的风险，但无聊带来的致命风险不仅于此。

1. 有人真的无聊死了

人们常常说“无聊死了”，可能是因为在极度无聊的时候我们（开玩笑地说）宁愿去死，或者我们倦怠到懒得呼吸。但是研究者们最近发现，无聊致死已经不再是一句玩笑话。似乎经常抱怨无聊的人会死得更早——体验到更多无聊的人比不无聊的人死亡（由于心脏疾病）概率高出两倍。伦敦大学流行病学和公共卫生专业的研究者们对英国7000多名35~55岁之间的市民的数据进行了跟踪[48]。他们在1985—1988年间接受了关于无聊水平的访谈，有些声称自己被无聊所困扰，有些则没有；在研究结束的时候（2009年），被无聊困扰者的死亡率比后者高出近40%。

这是第一个把无聊和心脏疾病联系在一起的研究。在责备数学老师或无趣的同事犯了过失杀人罪之前，我们应该多加注意。我们尚且不知道，是无聊本身导致了心脏问题，还是因为在摆脱无聊的时候做了一些不利于健康的事情。事实上，本章和前一章都显示出，无聊时做的很多事情都会引发长期健康问题（例如暴饮暴食、酗酒等）。

获得健康的一个方式是维持支持性的稳固的人际关系——最显著的一种无疑是和长期伴侣的关系。但是，“长期”对很多人来说也就意味着“无聊”，所以如果我们的伴侣让我们感到无聊，会发生什么？

2. 厌倦彼此：人际关系中的无聊

无聊引发的一个后果鲜有人研究，却值得关注：伴侣或者人际无聊。大多数离婚或关系破裂，以及部分的所谓关系“停滞阶段”——夫妻停止从事新的让人兴奋的活动（例如约会，甚至交谈），都可以归咎于无聊。2003 年的一项研究调查了美国和欧洲 1761 名婚龄超过 15 年的人，结果显示，通常婚后两年就到了“停滞阶段”[49]。

框 3-6 无聊，并不是无爱

2014 年，美国旧金山第 109 届美国社会学学会年会上发布了一项调查结果：出轨女性的婚姻状态是幸福的，而她们只是觉得在卧室太“无聊”了[50]。

2010 年美国的一项研究中，处于亲密关系（包括结婚或只是约会）中的参与者被问到在交往中感到无聊的次数以及体验[51]。提到最多的无聊的原因有“做一样的事”“不出去约会”“没有交流”和“伴侣单独行动”。这些都反映出了新异感、刺激感以及高质量交往的缺乏。人际关系无聊似乎起源于积极性事件的缺乏（例如刺激或意义感），但也是由于人类的习惯化或者适应刺激的本能，因此无论伴侣多么完美，我们都会慢慢习惯，到最后不再因他们而兴奋。

研究的参与者有多种方法来应对交往中的无聊，例如尽量多和伴侣交谈，一起尝试新的事物等。有趣的是，接近一半的已婚者都会采用增加单独行动的方式，例如锻炼身体、培养个人兴趣和关注事业。美国社会心理学家阿瑟·阿伦（Arthur Aron）指出，这种方法是错误的：夫妻应该通过更多的共同活动来应对无聊，而不是单独活动。并且，这些活动应该是令人兴奋的，而不仅仅是愉悦的。阿伦进行了一项实验，一部分处于长期亲密关系的夫妻（或情侣）参与“愉悦”的活动（例如烹饪、看望朋友、看电影），另一部分参与“兴奋”的活动（例如滑雪、跳舞、听音乐会）。10 周以后，参与“兴奋”活动者对另一半的满意度高于“愉悦”活动者[49]。原因可能是第一章提到的兴奋感错觉（吊桥效应）。

无聊产生的其他消极影响会在其他章节中提到，例如暴饮暴食（第二章）、降低工作效率行为（第九章）和逃学（第八章）。

框 3-7　如何挽救一段无聊的婚姻：印度人的建议

《印度时报》[52]上的一篇文章提供了如何修补一段僵化的婚姻或长期恋爱关系的方法：

- 进行一次自发的约会
- 分享新体验——例如去一家新的餐馆吃饭，或者去一个新的景点旅行
- 在性爱方面多做新的尝试
- 单独行动，给彼此想念留出空间
- 和伴侣一起大笑
- 鼓励伴侣在某些事情上全力以赴

第四章　永不满足的需求——无聊的起因

1987 年，英国国教会公使泰瑞·威特（Terry Waite）在黎巴嫩被绑架，之后经历了 5 年的单独拘禁。后来，他在描述起那段无聊透顶的岁月时说："在一个黑暗的房间里，没有书、没有报纸，很长很长的时间里都没有与任何人或者外界沟通"[1]。我们很容易就能理解他是多么无聊，庆幸的是，我们都不曾有过那种极致的感官剥夺体验。事实上，我们大多在长时期感官超载，而不是欠载。所以，在娱乐手段应有尽有的今天，我们为什么会感到无聊呢？

无聊研究者拉斯·史文德森（Lars Svendsen）（《无聊的哲学》作者）叹息道："我们的西方文化有一个方面让人不安：虽然我们有空前多的机会去满足自己的欲望，但同时也越来越容易感受到无聊了。"[2] 网络、iPod、Xbox、PS4、24 小时超市、KTV、

4D影院、购物公园、微博、微信、QQ——可以用来消磨闲暇时间的方式多种多样，我们本应该不知何为无聊。但是，能刺激我们的方式越多，我们似乎越渴望刺激。在这个快速又多变的世界，新异刺激全方位占领我们的感官，由此造成的一种后果是，我们似乎失去了应对重复、平淡的日常生活的能力，对低水平刺激的容忍度日益降低。这种不适的体验就是无聊。我们想治愈无聊，但这只会让我们陷入无休止的对刺激的需求中，就像吸毒一样，吸得越多越想吸。

我们感到生活越来越无聊。事实上我们并不知道，相比那些没有网络的旧时光，现在的我们是否真的更无聊了；我们所知道的是，在这个资讯和科技如此发达的时代，有那么多的外在刺激围绕在身旁，我们不应该常常感到无聊才对。

简单重复孕育了无聊

虽然我们似乎生活在一个充满多样性的、令人兴奋的世界，大量的娱乐方式可以在指尖轻松获得，但这事实上就是问题所在：许多的刺激源都能通过非常相似的方式获得——通过我们的手指。细想一下：我们大部分时间都在办公室里工作——敲打键盘。我们通过网络或者手机寻找娱乐——更多的敲击。我们变得依附于键盘，这就减少了获取其他娱乐方式的渠道。

不仅如此，我们也在间接地（重复地）通过屏幕度过生命。我们看电影、看书、看新闻、和朋友聊天——都通过闪闪发光的屏幕（并在它的键盘上敲敲打打）。火车上，我们避免和别人的目光接触，因为我们死死地盯着膝盖上的屏幕。我们甚至通过一个屏幕来观看真实生活：参加某个学校的音乐会或者一些大型活动的时候，你会发现大部分观众都通过 iPad 或者手机的屏幕在看舞台。连现实生活也很难离开那个屏幕：和朋友外出吃饭或者喝咖啡的时候，我们也很难忍住不去更新状态或发食物照片（某个法国餐厅禁止给食物拍照，并称专注于给食物拍照会破坏对食物的体验）[3]。

这一切都变得越来越无聊。我们墨守成规，用相同的方式努力满足对神经刺激的需求。刺激神经的方式多种多样（运动、编织、画画、烹饪等），我们却整天陷在“屏幕—敲击”的模式里。当生活只围绕着闪烁的屏幕和发光的键盘而存在时，它也就变得单调、重复和乏味了。讽刺的是，我们对这样的生活避之不及，却在每一个空闲时刻重复做着同一件事情。一方面，手机之类的通信设备应该确保我们能够用刺激填补每一个无聊的时刻，但另一方面，我们获得刺激的手段是如此的重复又单一，这可能是无聊的来源之一。

长期地盯着屏幕和敲击键盘也让我们忽略了逃避无聊的其他手段，例如大脑放空、做白日梦和深思。这些方式的好处会在第十一章中进行探讨。

对多变和新鲜感的期待增加

我们的大脑生来就“喜新厌旧”。在我们的中脑甚至有一个专门用来应对新刺激的“新异中心”，叫黑质（SN）或中脑腹侧被盖区（VTA）。几年前，两位研究人员——伦敦大学的 Nico Bunzeck 和马格德堡大学的 Emrah Düzel——运用功能成像技术观察，当我们看到新刺激的时候，大脑会发生什么变化。他们发现 SN/VTA 区域会在看到一幅新图片时变得活跃，并在《神经元》杂志上发表了这项研究[4]。研究者们推测，在“新异中心”活跃的时候，会引起多巴胺的释放激增。我在第二章中提到新异刺激和愉悦体验相关，因此，寻找新鲜感是一件让人蠢蠢欲动的事情；我们天生就被设定成了“寻找新鲜感模式”，并会在找到时体验到愉悦的感觉。对于人类来说，寻找新鲜感是有助于进化的，能帮助我们探索环境，并发现新的资源或更好的生存方式。这同样也意味着我们会忽略一成不变的东西，而把注意力集中到那些环境中重要的改变上（例如危险信号或者找到新资源的方法）。这就是我们会感到无聊，或对常规的、重复的刺激习惯化，而被新鲜事物吸引的原因。

然而，Nico Bunzeck 和 Emrah Düzel 的发现是：大脑中的“新异中心”仅对全新的刺激产生反应。一旦新刺激被注意到了，那么它就不再是新刺激，不久之后也就变成了背景噪声　可以被忽略的东西，也就会被我们所厌倦。为了再次体验到那令人欢欣鼓舞的多巴胺，我们就需要寻找新鲜感。所以，多巴胺被认为是可以让人成瘾的——越体验越想要更多。

新鲜感持续地轰炸着我们的生活，其中大部分是通过电子手段，但它们最终还是变得单调乏味，我们需要新的刺激来维持已经习惯了的多巴胺水平。这也就解释了为什么曾经让人兴奋不已的新鲜事物——脸书（Facebook）现如今被1/3的用户认为是“无聊”的[5]。克里斯托弗·米姆斯（Christopher Mimms）曾经在麻省理工《科技创业》杂志上感叹整个网络现在都很“无聊”。无聊？电影、新闻、书、资讯、购物……所有这些都很无聊？不过，米姆斯解释道，这是因为“新鲜感都消失了”[6]。

我们已经习惯了电子设备带来的源源不断的新鲜感。一旦感到无聊了，就必须去找新玩意儿。这也是为什么彼得·怀布罗（Peter Whybrow）博士把诸如智能手机和电脑之类的设备称为“电子鸦片”的原因。他是一名英国籍的精神病学家，在加州大学洛杉矶分校管理神经科学与人类行为研究所。他说：“新奇感是科技运用的回报。你本质上对新奇感成瘾。”得到的越多，想要的越多[7]。欲望越少得到满足的时候，我们就越把那种感觉打上“无聊”的标签（第五章将讨论追求新奇的人格特质）。

人们的空闲时间越来越多

在20世纪之前，人们似乎没有时间无聊。新闻工作者露西·斯科尔斯（Lucy Scholes）指出“无聊的现代概念和闲暇的概念同时诞生”[8]。当时的日常生活都在忙于生计：劳动谋生、寻得温饱、维护容身之所。剩余时间也都会被用到宗教信仰上：在教堂或其他的宗教场所参加集会。工业革命带来了更多的闲暇时间，因为人们的生活不再被劳动、生存和宗教主宰。人们开始在咖啡馆、海边、公园和其他景点上消磨时间。伴随着国家休假日、周末、法定工作时间和机械装置的诞生，人们开始寻找各种方式来充实闲暇时间。

在过去的50年间，人们的空闲时间激增。1965—2003年期间，男性每周的空闲时间增加了6~8个小时（由于工作时间的减少），女性每周的空闲时间增加了4~8个小时（由于家务时间的减少）[9]。大概是在1995年，空闲时间达到了峰值，当时个人生活还没有因为电子通信设备的爆发而被工作蚕食。即使在工作和个人生活没有明显边界的今天，空闲时间虽然在一部分人看来是一种奢侈（从2013年英国直线保险公司的调查结果来看[10]，80%的受访者称工作中的相关事务通过邮件和智能手机侵蚀了下班时间，平均每天的闲暇时间仅有2小时45分钟），但还是比一个世纪以前明显增加了。当然，休息的价值是众所周知的——充足的休息是获得身心健康的重要手段。即使是“工作狂”也需要休息。

空闲时间的增加带来了两个问题。之前，人们闲下来就无事可做了，尤其是那些经济水平有限的人。科技时代到来以后，越来越多消磨时间的方式是被动的娱乐方式（也较为廉价），它们比过去那些主动的娱乐方式（也较少）更吸引人。例如，现在美国人把大部分空余时间用来看电视：2013年，在人均每天5.26个小时的闲暇时间里，美国人把其中的166分钟用来看电视（43分钟社交，26分钟玩电脑游戏，19分钟阅读，18分钟运动，18分钟思考和5分钟艺术爱好[11]——这些也快要在电视上实现了）。

虽然消磨时间的方式增多了，我们却越来越无聊。一项横跨

36 个国家的研究表明，1/3 的人被“闲得无聊”所困扰[12]。根据 2012 年中国台湾地区发表的一项研究来看，问题出在人们缺乏管理闲暇时间的技能，其中包括目标设定、评估重要性、提前组织活动和保持灵活性。没有掌握上述技能的人更容易在闲暇时间感到无聊[13]。

框 4-1　对着屏幕打字的一生

Mary Meeker（摩根士丹利的一名网络分析员）发现人们平均每天花费 6 ~7 小时面对着电话、平板电脑、电脑和电视[14]。这就意味着，我们的一生之中有 40%的时间在盯着屏幕和打字。怪不得我们会感到无聊！

表 4-1　人们在空闲时间感到无聊的情况

国家	偶尔/经常/频繁地在空闲时间感到无聊的人口百分比
	欧洲大陆西部
瑞士	11
荷兰	19
德国	20
法国	27
	斯堪的纳维亚
丹麦	22
挪威	29
芬兰	38
瑞典	43

（续）

国家	偶尔/经常/频繁地在空闲时间感到无聊的人口百分比
英语国家	
爱尔兰	33
新西兰	35
澳大利亚	38
美国	40
英国	42
东欧	
匈牙利	17
斯洛伐克	24
捷克	28
克罗地亚	34
波兰	46
拉丁美洲	
阿根廷	38
墨西哥	56
东亚	
日本	40
韩国	49
其他	
以色列	48
南非	63
菲律宾	70

据 2013 年 Haller、Hadler 和 Kaup 的研究，造成上述国家之间差异的原因可能包括收入、儿童数量或福利状态等（详情可查看本章注释［12］）。

另有一些研究者认为，并不是人们管理空闲时间的能力，而是他们所做的事情引发了无聊。例如，空闲时间缺乏有意义的活动可能是造成无聊的导火索。有意义的活动可以是带有创造性的，例如烘焙、烹饪、缝纫、木工等，或者是其他能提高生活质量的行为，例如锻炼。某位研究者认为，做怀旧的事情也是给生活注入意义感的方式，因为怀旧的思考过程“能够支撑生活的意义感”[15]。他的研究也显示，把收入用于有意义的活动也能够有效抵抗无聊——当然，并不是每一个人都能达到这么高的收入水平。

娱乐从主动变成被动

尼尔·波兹曼（Neil Postman）在他1987年的著作《娱乐至死》中提出，随着文化从以印刷术为中心演变成以快速变化的电视画面（通常伴随着大声的音乐）为中心，我们变成了被动刺激的重度使用者。某位评论家说“电视进驻客厅，我们对于娱乐的定义从主动变成了被动”[16]。谈话、阅读、锻炼、手工、发现新景致、公众集会等是我们以前用于度过闲暇时光的方式，但现在它们被那些需要投入较少体力和认知资源的活动所替代。当然，并不是所有“现代”的娱乐方式都是被动的（你可以通过电子设备进行主动沟通等）。2010年的一项研究显示，加拿大人平均每天花费2.2个小时在被动的娱乐活动上[16]。其中包括看电视或电影、听音乐和翻阅社交媒体。

框 **4-2** 全球看电视时间

2005 年，一家市场研究机构 NOP 世界（NOP World）采访了来自30 个国家的3 万人后发现，美国是全世界范围内看电视时间最多的国家之一[17]。这和之前 NationMaster.com 于 2002 年所做的研究结果是一致的——美国和英国以每周 28 小时的看电视时间位列世界前茅，芬兰、挪威和瑞典以每周 18 小时位列最后[18]。

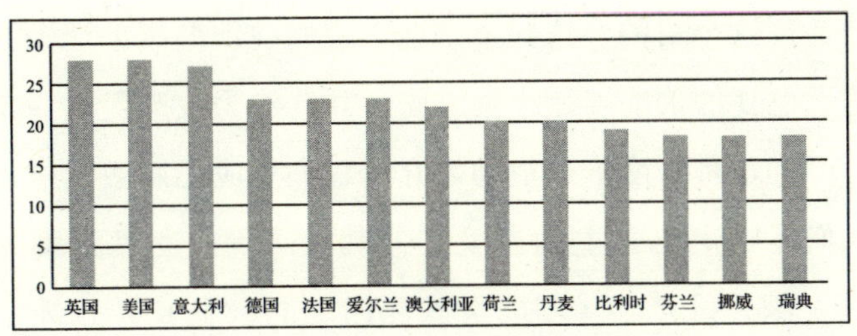

图 4-1 每周看电视时间（小时）

研究发现，看电视（最典型的被动媒介）越多，我们就会变得越消极被动。也正因为如此，美国《新闻周刊》[19]1992 年的一篇报道称，越来越多的监狱倾向于用电视来让犯人“镇静”，“监狱面临着严重的满员问题以及改造犯人预算不足问题，越来越多的狱警用电视来让犯人保持安静”。已有研究成果发现，在看电视的时候，脑电波的活跃度会降低，身体会感到较为放松。这和我们在看什么内容并没有什么关系（在我们阅读的时候，脑电波活跃度并不会降低）。这种脑电波活跃度的降低会使我们的警戒度、反应灵敏度和对环境的融入度都降低。这种“镇静”

效果会在我们停止看电视之后再持续一段时间[17]，这也更能解释为什么电视成了狱警的有力武器。临床心理学家 Bruce E. Levine 简要地把这个观点陈述为“看电视把人的大脑置于一种难以进行辩证思考的状态，它镇静和克制了一个民族”[17]。毕竟，看电视的时候不需要沟通、回应，甚至思考。

被动活动本身比主动活动更为无趣，我们却期待着通过被动的方式来排解无聊，这就是问题所在。就像我的研究（第二章）发现，我们大多用电视来逃避无聊，但极少数人能够意识到电视并不能达到这个目的。这并不是说少量的被动型娱乐活动是没有价值的，电视的确能够使大脑放松，并且能为大脑提供一定量的刺激。但问题是过度依赖被动媒介让我们变成了刺激的被动接受者，我们无法走出去主动接受其他刺激。我们变成无聊的重度“患者”、缺乏好奇心（需要灵敏和活动的大脑）并且无法“疗愈”我们的无聊。

电视并不是唯一的被动型活动，我们对网络的使用方式也是被动的。研究发现，人们平均用于被动浏览新资讯的时间远超过主动的内容阅读[20]。这是因为我们的时间太紧张了，所以我们变成了被动的使用者，无心地滑动着网络页面，完全不去思考页面上的内容，这就如我们所知的“无论是通过何种媒介，被动地体验都会被大脑识别为游离和无聊的感觉”[20]。

无处不在的干扰旋涡

无聊的注意理论强调，当某个任务无法提供足够的刺激让我们集中注意力时，我们就感到了无聊。这也能解释为什么在有干扰刺激存在时，我们就很难保持注意力。如果干扰刺激更为有趣，那注意力就更难维持了——这种维持注意力的努力也会被我们认为是厌倦了那个任务。

注意力分散是无聊体验中重要的一部分。1989 年的一项有趣的研究[21]发现，即使是微小的干扰刺激都能让我们觉得更无聊。心理学家让参与者们听别人阅读一篇较为有趣的文章。任务过程中，隔壁房间的电视在播放着或是大声或是轻声或是无声的节目。然后让参与者们评估文章的无聊程度。听到轻微电视声的参与者比其他两组（大声和无声）参与者对文章的无聊程度评估更高。这个结果告诉我们，轻微的干扰刺激比没有刺激或强烈干扰刺激更能激发无聊体验。这可能是由于当我们觉察到强烈刺激（例如噪声）时，我们会通过努力维持注意力来进行补偿。我们也更容易把无聊归咎到强烈的干扰刺激上，而不是去思考是不是任务本身很枯燥（第一章）。但是在低强度的干扰刺激下，我们很难意识到它的存在，也并不会那么努力地集中注意力在任务上——这也意味着我们无法把注意力不集中归因到干扰刺激上（所以只能认为注意力不集中是因为我们觉得太无聊了）。很明显的，这些低强度的背景噪声会比我们想象的更容易分散注意力。

21 世纪的生活中充满了低强度（轻微）的干扰刺激。我们似乎生活在背景噪声之中，开着电视机做事，智能手机在提醒着新邮件的同时，电脑屏幕在更新着数据。这些更为轻微的干扰

（相对于较为大声的刺激，例如手机铃声等）似乎让我们更难保持对手中任务的关注——这种集中注意力的努力也被我们看作无聊（如果我们很难集中注意力在这个任务上，那它一定很无聊吧）。

当然，生活中总存在着干扰。我们的祖先对于食物、温暖和房子的需求肯定也被一系列干扰事件抢占过注意力——疾病、异族、毒虫、侵略者、天气等。但可以肯定的是，不曾有一个时代像现在这般充斥着干扰刺激，就像某位评论家说的那样，这是一个“干扰的时代”[22]。就在我敲击这些文字的时候，我的手边放着一个平板电脑，桌上放着手机，这三个设备同时发出响声，召唤着我。有一条脸书提醒（有个人想跟我玩连连看）、一条脸书留言、三封个人邮箱新邮件和两封工作邮箱新邮件。推特的提醒声又响了，我有三个推特账号。我还有领英，会不间断地推送新消息。我的手机也因为聊天软件或是短信经常响。还有我的座机，它也会不时地打断我的工作。另外，如果我在家工作的话，邮递员会上门让我给一些文件签字，擦窗户的清洁工也会来上门要钱；我的学生和同事也会经常来敲门。上述种种还只是突然而至的干扰。另外还有一些围绕在身边的干扰，它们如同狐媚一样，诱惑我离开正在进行的工作。需要查阅的社交媒体（我想知道外面发生了什么），需要看的报纸，还没做的清洁工作，还没有熨烫的衣服，待购的食物……我能把所有事情都完成，可真是个奇迹！

我的生活状态可能是很典型的。有时，我觉得自己湮没在干扰的漩涡中无法自拔，我被拉来扯去，以至于忘记了当下的目标是什么，我的生活目标是什么。工作时间和个人时间的模糊让我们体验到了更多的干扰。另外，我发现在感到疲倦或者对手头的工作不耐烦的时候很难保持注意力，那些干扰事物就变得很有吸引力（即使是熨烫衣服，也比给 20 多个学生批阅同一主题的论文有意思）。

框 **4-3**　注意力持续时间的减少

尼古拉斯·卡尔（Nicholas Carr）在他的著作《浅薄：互联网如何毒害了我们的大脑》中提到，2000 年，大脑能在一项任务上保持注意力的平均时间是 12 秒。到了 2010 年，这个时间减少到 8 秒。

别人太精彩，我的生活毫无意义

我认为，我们之所以现在越来越容易感到无聊还有一个原因，那就是我们现在更加期待获得自我实现、成就感和意义感。我们相信自己值得过上如同电视里、社交媒体上那种愉悦且充满激情的生活。如果生活并没有过得那么精彩，那我们就会感到不满。

就像本书前面所提到的那样，许多研究者把无聊和意义感联系在一起。这个观点认为，缺乏意义感的时候，无聊就产生了，这种无聊成为我们去寻找有意义的事件的动力[23]。于是，无聊“引发了盲目感”[23]，因为我们认为自己的生活没有意义。

为生命设定目标，过充实的生活和期待每分每秒都精彩纷呈是相对来说比较新的观点。我清晰地记得和祖父的一次谈话：我认为职业生涯最重要的是可以充实和激励自己，甚至比工资更重要；然而他对这个观点表示困惑，“你去工作是为了谋生，而不是充实自己”。对于他们那一代人来说，工作是为了养活家庭，那些为了充实自己而做低薪工作的人是让人无法理解的。时代改变了！我曾经做过心理医生，工作内容是在《卫报》的网站上给读者回信，来信内容最多的是关于对当下工作的不满，以及想知道怎样才能找到一份充实的工作。我们不仅仅是为了钱而工作；目的、意义和自我实现同样甚至更为重要。

框 4－4　放弃高薪工作追求梦想的人

投资银行家山姆·史蒂芬（Sam Stephens）是当今把实现自我价值凌驾于金钱之上的典型代表。他放弃了稳定收入、带薪休假和医疗保险去追求开餐馆的梦想。而且这个餐馆只有一种食物：燕麦片。他的餐馆开在美国纽约的西村，正在逐步发展壮大[24]。

信息时代也对追求意义感的生活推波助澜。山姆·史蒂芬的故事激励了很多人去追求自己的梦想。大量的媒体报道让我们看到其他人过着怎样有意义、有价值的生活，对比之下，我们的生活可能看起来很枯燥、很空虚、缺乏意义。例如，脸书的出现让普通人更容易进行社会比较。在此之前，我们仅和自己的社交圈或者邻居们进行比较——他们大多过着和我们相似的生活。现在，圈子越来越大了，我们能看到更多人的那些精心挑选、加工后的生活。我们看到了他们的成就、他们的假期和他们的精彩，突然之间，我们的生活变得黯然失色。2014 年残疾人慈善组织 Scope 调查发现，2/3 的社交媒体使用者称，脸书和推特等媒体让他们对自己的生活和成就感到不满[25]。

当生命只剩下玩：无聊吞噬退休生活

无聊在儿童和白领身上的表现我们会分章节讨论，那么在逐步迈入退休生活的人身上又会发生些什么呢？退休是一个相对新兴的概念；事实上，能活到足够“老”的年龄是一个现代现象。直到 19 世纪，人们才能工作到退休：1889 年德国首相俾斯麦引入退休金的概念，允许工人在年老后停止工作。当时，人们的寿命只能让他们享受几年的退休时光；而现在，退休时间可以持续 20～30 年，甚至更长。

问题在于，对很多老年人来说，他们得从平衡工作和玩的忙忙碌碌的状态，过渡到仅剩下玩的状态。我们已经对工作习以为常，不知道怎么应对没有工作的日子。这种无法适应慢生活的问题同样也出现在休假的时候，人们无法把工作状态马上切换到度假状态；英国的一家报社把这种现象称为“工作的假日”[26]。86% 的人无法在度假时不带工作电话；90% 的人会在假期的晚上查看工作邮箱。

如果我们在假期无法很好地应对没有工作的状态，那么退休这种永久性的无工作状态会让人觉得沮丧也就不那么奇怪了。根据 2013 年英国公司 Skipton Building Society 的调查结果来看，对于40%的退休者来说，退休的新鲜感仅在10个月之后就消退了……无聊伺机而入[27]。

框4－5　无聊到去犯罪的老年妇女

英国柴郡一位76岁的老年妇女在4年之内热衷于在商店偷东西，原因是“老了好无聊”。这位老年妇女所偷的东西大部分是她用不到的（包括一个吸乳器），她把东西藏在手推车里。她认为自己犯罪的主要原因是孤独和无聊[28]。

现代社会似乎塑造了一种追求新鲜事物的快节奏生活，经常性的刺激变成了生活的必要。以至于“职业生涯的返场”或第二次职业生涯也越来越流行，后退休时代的开启可以帮助老年人更好地应对突然到来的安逸生活。甚至还出现了一本帮助退休者创业的手册（Marci Alboher 写的《职业生涯的返场手册》）——而且每年都会召开以此需求为主题的会议（2014年的会议在美国亚利桑那州的坦佩召开）。人们把职业生涯的返场者称为“Boomers”（他们正好是在“婴儿潮”时期出生的那一代人），有趣的是，在这个无聊丛生的年代，他们返回职场以后最看重的是“意义”[27]。Encore. org 网站强调了退休者再就业的必要性以及工作带给他们的“个人意义”。这也体现了无聊和寻找意义感之间的关联。退休者再就业不仅仅是为了寻找间歇性的刺激，更是为了寻找有意义、有目的性的刺激。许多退休者再就业时不会再选择之前的工作，而是投身到有更高社会价值的事业中去，因此也能带来更多的意义感。这一切都在一定程度上说明，无聊的解药不是刺激本身，而是有意义的刺激。

框 **4-6** 觉得退休很无聊的百岁老人

英国埃塞克斯郡的吉姆·克莱门茨（Jim Clements）觉得退休生活太过枯燥，他在 66 岁的时候开始为一家名为“Active Security”的公司工作，每周有两个上午坐班。34 年以后，他已经 100 岁了，但他仍然在那里工作。他在 2013 年接受采访时说，他并不打算停止工作，因为工作让他的大脑持续活跃[29]。

第五章　无聊倾向是一种人格特质

有些人明显比其他人更容易感到无聊。如前文所说，无聊是由任务、环境和个人交互作用产生的。我个人觉得每天在超市里折叠货架 6 小时是枯燥乏味的，但有些人非常喜欢这种重复性的任务，并且非常乐于将它作为毕生的工作。但他们可能仅仅是在精力充沛且不被其他事情打扰的日子里觉得这项工作有意思，其他时候可能也会觉得没意思。类似的，超市货架工作人员会觉得写一本关于无聊的书是这个世界上最枯燥的事情，然而我觉得这充满乐趣；虽然不得不承认，在缺乏睡眠或者阳光灿烂（英国的曼彻斯特并不常有）的日子里，我也会感到些许的无聊。

这些都是我们对特定情境的不同喜好。即使在同样的环境中做同样的事情，每个人体验到的无聊程度也是不同的。心理学家们一直都很好奇，为什么有些人就是比其他人更容易感到无聊。本章就来探讨无聊的个体差异。

外向的人更容易感到无聊吗？

考虑到外向的人可能需要更多刺激，很多人假设外向者比内向者更容易感到无聊。大脑中用于平衡激活水平的系统是“网状上行抑制系统”或者 ARAS。已知的是内向者的 ARAS 对感觉刺激更为敏感，因此相对低水平的刺激也能够为他们提供较高的激活水平。相反的，外向者的 ARAS 敏感度相对较低，这使得他们对激活的水平较难满足。于是他们通过外向聚焦的行为来获得额外的感觉刺激。而内向者则试图避免有额外刺激的环境，因为他们的激活水平已经足够高了。

1984 年，密苏里大学的心理学教授罗素 · 格林（Rusell G. Green）做了一项研究。他让 70 名外向者和 70 名内向者选择最喜欢的工作背景音乐。外向者选择的音乐明显比内向者要大声，这也和上述观点一致——外向者需要更多的感觉刺激。两组人员在他们自己所选的背景音乐中都很好地完成了任务。接着，格林教授交换了两组的背景音乐，这一次外向者感到很无聊，内向者觉得很烦躁，两组人员的任务都完成得不好[1]。

由此可见，外向者比内向者需要更高水平的刺激来维持他们的注意力。这个研究也解释了为什么有些人在听音乐或开着电视时工作得更好，而另一些人觉得这样容易分心——也能解释为什么当年我在做细胞检查工作时想要听音乐（而我的老板觉得这样会分心）。

这表明，外向者比内向者可能更容易感到无聊，因为他们需要更多的刺激来达到最佳唤醒状态。确实有一些研究也显示，性格外向的人更容易感到无聊[2]，但其他的研究并没有证实这种联系。因此外向或内向可能不是影响无聊倾向的唯一因素；应该还有其他重要因素导致了人们在某个特定场景中的无聊体验差异。

聪明的人更容易感到无聊吗？

关于聪明程度影响无聊体验的论证各不相同。许多人认为聪明人更容易感到无聊，是因为聪明人需要更多的认知挑战来达到合适的大脑激活水平。当然，低难度的认知挑战对于聪明人来说更为乏味。事实上，1978 年的一个研究显示，参与者越聪明，就越容易觉得实验任务无聊[3]。1982 年，一项关于长途卡车司机的研究运用教育水平和智力型的娱乐活动来测试参与者的聪明程度。研究发现，行驶在单调或者熟悉的道路时，较聪明的司机的主观无聊水平更高[4]。我们在教育类杂志上也能看到类似的研究，它们认为，聪明的孩子没有被提供合适的刺激，他们很容易感到无聊[5]（也可以看第八章）。但并不是所有的研究都证实无聊和聪慧性之间有着密切的关系。事实上，也有相反的研究结果发现聪明人有更高的认知能力来对抗和应对无聊。他们可以通过玩智力游戏或者运用他们的想象力和问题解决能力来管理他们的无聊，而较低聪慧度的个体可能只好在无聊中挣扎。此外，也有研究发现无聊和聪慧性之间并无关系，它们的研究对象是从事重复性低难度水平工作的妇女[6][7]。

有几项研究显示，自恋（一种过分关注自我的人格特质）和无聊之间存在较强的关系[8]，自恋能够导致无聊。这可能是由于自恋特质会激发某些个人目标，但个人可能缺乏达到这些目标的能力。例如，自恋的人可能会想要获得名声、成功和他人的仰慕，但是他们的能力不足以支撑他们达到这些不切实际的目标。缺乏成就感使他们觉得自己的生活没有意义——于是感到很无聊。即使他们达到了目标，例如获得了某些人的关注和认可，他们也会很快就觉得没意思了，继而需要另一些人的关注和认可。

无聊倾向是一种人格特质

1986 年，来自俄勒冈大学的心理学教授诺曼·桑德博格（Norman Sundberg）和理查德·法默（Richard Farmer）提出了无聊倾向人格的概念。无聊倾向是一种“对自己的生活环境缺乏投入感和热情以及感到厌倦”的倾向[9]。他们在已有的“无聊敏感性”概念基础上开发了 28 个问题的问卷——《无聊倾向量表》（BPS），可以用来辨别那些有无聊倾向的人。这个量表有五个维度[10]：

1. 对外部刺激的需要，包括那些令人激动的事情和新鲜事物。

2. 自我激活和愉悦的内在能力。

3. 对无聊环境的情感反应及体验。

4. 对时光流逝的看法。

5. 对被约束感或者无法做自己所想之事的反应。

框 **5-1** 诺曼·桑德伯格(Norman Sundberg)(**1922—2014**)

荣誉教授诺曼·戴尔·桑德伯格为我的研究提供了主要支持。可惜的是，在我撰写这本书期间，他去世了。1922 年 9 月 15 日，诺曼出生于内布拉斯加的奥罗拉，后毕业于内布拉斯加大学，在德国服役于美军。1952 年，他在明尼苏达大学获得心理学博士学位后就职于俄勒冈大学。多年以来，他合作出版了多本临床心理学和人格测评方面的专著，在研究“无聊”的学术领域，最为知名的是他在 1986 年研发的 BPS 量表。

这个量表帮助研究者们深入探索无聊倾向人格，找到那些容易感受到无聊的人群。例如某个研究发现，男性在 BPS 的外部刺激（测量对挑战性、刺激性新事物的需求水平）部分得分显著高于女性。这就意味着在缺乏外部刺激的环境中，男人比女人更容易感到无聊[11]。这个研究还发现男人更容易把无聊归因于环境（任务太没劲了），而女人则倾向于内部原因（例如，感到无聊是我的错——是因为我不够聪明）[10]。

无聊倾向的人相对于其他人来说需要更多的刺激来达到合适的大脑激活水平，而他们可能无法从内部获得那么多的刺激（例如利用他们的想象力）。集中注意力在手头的任务上或者找到处理任务的建设性方法对于他们来说更加困难。有一篇文章阐述了这样一个观点：“高无聊倾向的人群一般都缺乏愉悦自己的能力”[12]。这也可以解释为什么他们会诉诸其他方式来获得刺激，例如毒品[13]和赌博，这些都是他们缓解无聊的渠道[14]。

我的研究也证实了这一点。我和我的学生安德鲁·罗宾逊（Andrew Robinson）都想要看看学生在上课或听讲座时如果感到无聊会做什么。我们用 BPS 量表测评了 211 名学生，发现高无聊倾向的人数和低无聊倾向的人数分别占了 1/4（其余都是中等无聊倾向）。BPS 量表的高分学生多会比低分学生觉得讲座无聊，翘课次数更多（容易无聊的学生倾向于频繁翘课，第八章也会提到），在听讲座过程中运用的刺激寻求策略也更多。高分学生会在上课时通过玩游戏、发信息、列购物清单、神游、涂鸦、传纸条和做白日梦来愉悦自己[15]。

无聊倾向的人会通过做与任务无关的事情来自娱自乐，以达到最佳的大脑激活水平。这一部分与第四章所提到的寻找新奇感有关。喜欢新奇是一种可能与无聊倾向和感觉寻求相关的人格特质。无聊倾向者可能对新奇感有很高的需求，在远古时代，这是一种有进化优势的遗传特性。毕竟，对于我们的祖先来说，能不能找到新资源和新方法决定着他们的生死。新奇寻找量表的高分者在感觉寻求和刺激寻求的推动下有更高的多巴胺活动水平。

无聊倾向还和其他一些因素相关。2000 年的一项关于法国成年人的研究发现，高 BP 水平的人自省水平也更高，他们会更多地关注自己的感受和思维[16]。另外，高 BP 水平的人也更容易走神，这会给他们造成更多的日常错误[17]。

高 BP 水平的人也更容易愤怒。1997 年，由西佛罗里达大学的“无聊”研究者黛博拉·拉普（Deborah Rupp）和斯蒂芬·沃丹洛维奇（Stephen Vodanovich）进行的一项研究发现[18]，BP 高分者的愤怒频率更高，攻击性也更高。这表明无聊倾向者不仅更容易感到愤怒，而且他们控制和管理愤怒的能力也更弱。有些观点认为，无聊其实是愤怒的内在显现，另有些观点认为，无聊倾向的人克制冲动的能力较差。这个发现可以在某种程度上解释第三章提到的无聊犯罪现象：如果无聊者更容易愤怒、控制冲动能力更差，那么我们也就可以看到无聊和暴力及侵犯行为之间的关系。

另外，研究还发现了与无聊倾向相关的其他因素，包括学习成就低、旷课率高、绩效低[19]、抑郁、焦虑、无望感、孤独、冲动、拖延症[9]、低动机水平、缺乏目标感和意义感[11]。事实上，几乎所有的症状都和无聊倾向相关（某个研究甚至发现无聊倾向的人会有更多身体疾病[19]），但也许有另一种原因可以用来解释为什么无聊倾向的人心理状态和身体状态都不佳。斯蒂芬·沃丹洛维奇解释道，并不是无聊倾向者比其他人更容易生病，而是他们更容易觉察到自己的症状（上文讨论过“自省”水平）。这个观点也被许多研究者所认可，他们认为无聊倾向的人会更加关注自己[19]。BP 水平被证实与自恋水平相关[19]。正是这种向内的聚焦让高 BP 个体呈现较多的症状。

研究者还发现，高无聊倾向的人可以被分为两类[17]。一类是“冷漠的”无聊倾向者，他们在无聊的时候也并没有动力做任何改变。另一类是“激进的”无聊倾向者，他们为了摆脱无聊而不断地进行努力。这种分类可以和第一章中对无聊的分类进行对比。上文所提到的无聊倾向者更容易走神和犯错可能更多地发生在“冷漠的”人身上。这是因为“激进”型个体会更多地努力保持注意力。

框5-2　欢乐的时光确实会飞逝

不那么无聊的时候，时间确实会飞逝。最近的一个研究发现，当我们无聊的时候时间慢了下来。加拿大滑铁卢大学的心理学家詹姆斯·丹克特（James Danckert）和阿瓦·安·奥尔曼（Ava-Ann Allman）让200名学生完成了BP量表，并从中挑选出了得分在前20名和后20名的学生。然后，心理学家让这些学生观察某个点做一系列的运动，看起来像在一个圈里打转，每一次学生都要报告这个点运动了多久。高无聊倾向的学生报告的时间明显更多，远超过了实际时间[20]。

测一测：你具有无聊人格特质吗？

给每个问题打分，分数在1~7分之间

1	2	3	4	5	6	7
同意						不同意

1. 对我来说，全神贯注是一件易如反掌的事情。
2. 我做事的时候很容易分心。
3. 我经常发现自己的大脑在神游。
4. 我喜欢短平快的任务，而不是长期任务。
5. 我觉得自己比较容易感到无聊。
6. 空闲的时候，我能很快找到事情做。
7. 我并不觉得自己无所事事。

（续）

8. 无所事事的时候我就很烦躁。

9. 生活通常是重复而单调的。

10. 我对上网没多大兴趣。

11. 我觉得大部分社交媒体（例如脸书和推特）都很无聊。

12. 早上醒来我都很期待这一天的开始。

13. 排队的时候我很烦躁。

14. 我的生活不够有挑战性。

15. 我经常在寻找新事情做。

16. 我对现状很满意。

17. 我通常是最先尝试新技术的人，例如新的手机。

18. 无聊的时候，我可以自娱自乐（例如手机、电脑、找人玩等）。

19. 我喜欢生活充满变化。

20. 变化太多会让我喘不过气。

怎么打分

1、6、7、12、16、18和20是反向积分题（例如选1就是得7分，选2就是得到6分，以此类推）。把所有题目分数相加，分数越低，无聊倾向越高。

提示：这是一个可以估算无聊水平的量表，而不是诊断工具。

无聊是最新的时尚吗？

在当今的很多社会群体中，无聊并不会被当成一种负担，而是一种新时尚。这体现在很多主流商店的衣服上，它们把“无聊”印在上面，好像在大声宣告穿衣者很无聊。这些衣服的目标群体多是青少年。这也显示出，在他们看来，以无动于衷的态度对待无聊，远比“激情四射”和“兴致盎然”来得更酷。有篇文章说道：“追求很酷的行为带来的一大弊端就是让人藏起了对生活的热情。”[21]

如今并不仅仅是孩子们在追求炫酷，全世界潮流杂志上的封面模特都在以一种冷笑的表情看着我们，好像生活已经无聊到可以整天躺在床上了。我们应该在潜在的恋爱对象面前表现得很酷，以防我们的兴趣和热情吓走他们；我们甚至在看房和看车的时候也得保持冷酷，以防我们的欣喜会哄抬物价。简而言之，这是一个太兴奋就不酷的时代。

青少年们乐于整天装得淡定冷漠也是可以理解的。兴奋和热情被刻画成幼稚的表情。稀松平常的事物也能让儿童感到新奇和兴奋，所以青少年们为了告别儿童时期，并且向这个世界宣布自己已经长大了，就必须让自己远离那些表情。对青少年来说，无聊几乎是一种时尚，但这并不能解释为什么成年人也要收起对生活的热情。这个时代的文化似乎并没有把对生活的热情置于潮流的范围内，就像一位评论家说的那样，“很不幸，我们生活的时代并不把幸福或满足当成一种时髦”[22]。相反的，那种无聊、不满和冷漠的表情是流行的——屏幕和杂志里的时尚先锋们就是在用这种表情看着我们。事实上，挺拔高傲的模特已经过时，“无精打采”才是时髦，就像《华尔街日报》里说的那样，“最完美的态度”是“我好美，好有钱，好无聊”[23]。

第六章　刺激陷阱："狂躁一代"和无聊

为什么我们现在如此无聊？这是贯穿本书的主题，前面的章节已经列举了部分原因。虽然我们有很多事情可做，但无聊已演变为一种全社会的普遍现象，这有没有可能是因为我们成长于一个越来越"反无聊"的世界？我们不仅仅在竭尽所能地躲避无聊，也在努力给孩子创造一个远离无聊的世界。

现在的父母非常担心他们的孩子会无聊。他们把孩子的无聊看作是自己抚养能力的缺陷。现代父母把孩子置于"保温室"中，让孩子参加各种各样的活动，以确保他们能够有足够的经常性刺激来对抗无聊。这样做的消极影响是现在的孩子不知道如何靠自己创造刺激，只能被动地依赖外部娱乐刺激。这一章将会提到，如果我们希望孩子的生活充实有趣的话，我们应该拥抱无聊并允许无聊存在于孩子的生活中。也会探讨如果不这么做的话，会对孩子成年以后的生活造成怎样的长期影响。

子宫变成吵吵闹闹的教室

发达国家的父母十分害怕孩子感到无聊，是因为他们担心无法提供足够的刺激来激发孩子的脑力。年轻的父母们被媒体和广告狂轰滥炸，它们都声称如果想让后代抵达人生巅峰，我们一定要提供足够的刺激。如果我们不能够提供一个适宜、丰富的（例如不无聊）环境来开发孩子的大脑，那我们就辜负了孩子，我们也会成为失败的父母。很少有父母敢去仔细思考这个问题。

在孩子出生前，父母们就接收到了要给后代以刺激的压力。在搜索引擎上输入“如何刺激胎儿”，将近 300000 个页面就跳了出来，这表明想要提前进行胎教是新妈妈们的普遍诉求。提供合适的胎儿生长环境肯定是很重要的，“不良的胎儿生长环境会影响胎儿身心健康”是一种普遍共识[1]。曾经只需要饮食健康、不吸毒、不喝酒、不吃特定食物的新妈妈们，现在被建议听音乐、按摩肚子，甚至给胎儿读书[2]。

框 **6－1**　莫扎特效应

“莫扎特效应”的概念最早由阿尔弗雷德 · A. 托马提斯（Alfred A. Tomatis）在他 1991 年的著作《为什么是莫扎特》中提出。他用莫扎特的音乐作为听觉刺激，试图治疗一系列功能障碍症状。1993 年拉舍尔(Rauscher)、肖（Shaw）和凯（Ky）在《自然》杂志上发表了关于莫扎特音乐影响空间推理能力的文章[3]。

他们发现了暂时性的空间能力的提高，但文章并没有提到智商的提高（因为没有测量智商）。但是这个研究结果却被广泛传播成了会提高智商。由于这种误解，以及该研究所用的正是莫扎特的音乐，因而造成了“莫扎特效应”。

1977 年，唐 · 坎贝尔（Don Campbell）的*The Mozart Effect: Tapping the Power of Music to Heal the Body, Strengthen the Mind and Unlock the Creative Spirit*（莫扎特效应：音乐疗愈身体，增强脑力，启发创新）真正推广了莫扎特效应。在书中，坎贝尔提出了聆听莫扎特的音乐可以暂时性地提高智商和产生其他有益心智功能的理论。他也建议为了婴儿的心智发育，应该给他们听特定的古典音乐。

坎贝尔后来又写了*Mozart Effect For Childeren*（儿童的莫扎特效应）一书，还发布了 CD 和手册等产品。1998 年，美国佐治亚州州长泽尔 · 米勒(Zell Mille)甚至在州预算之外单独申请了用于给新生儿听古典音乐 CD 的基金。如今莫扎特效应诞生了一个巨大的产业（只需要输入“小莫扎特”或者“小小爱因斯坦”就可以搜索到许多产品），虽然其背后的理论是存在争议的。后续关于声音和音乐（都是用来听的）对认知功能和各种生理指标的影响的研究都没有得到过确切的结果[4]。

我们都知道，胎儿在子宫里就可以听到声音。在妊娠期达到 18 周时，胎儿的耳朵和大脑就能感知母亲的心跳；24 周时，胎儿的耳朵就完全形成了；25 周时，胎儿就能听到外部环境的声音。我们也知道，音乐和故事有益于儿童，那我们为什么不在他们出生之前就提前刺激他们的这些功能呢？有些理论甚至建议，由于胎儿可以感受到光和味道，妈妈们可以通过用电筒滑过肚子和吃不同味道的食物来刺激胎儿。

真的有必要这么做吗？这有没有可能会让原本宁静平和的子宫变成一个吵吵闹闹的教室？这种提早刺激胎儿的诉求会不会创造出一个追求新奇和感官刺激的孩子？会不会这样的孩子更容易无聊，因为他们在胎儿时就已经适应了这么多的刺激？

框 **6-2** Lullabelly

针对那些担心会错过给胎儿听音乐机会的准妈妈们，美国市场上出现了一款创新产品 Lullabelly。这是一条可以绑在妈妈肚子上的能够播放音乐的带子，事先设定好了最大音量，以确保声音不会太大。Lullabelly 也建议妈妈们每天最好听 2 ~3 次，每次不超过一个小时——“胎教音乐应该适量”。至少这家公司还能告诉大众太多的胎教音乐可能会有害。

一旦孩子离开了那个相对低刺激水平（如果我们能做到的话）的子宫，对刺激度的需求也就上升了一个等级。孩子一旦出生，家长们就开始挑选“刺激物”——玩具。例如，有一个美国的网站 geniusbabies 上售卖上百件用于刺激儿童感官的玩具，从婴儿床到卡片。这些婴幼儿产品的品牌名称通常会叫小爱因斯坦、智慧婴儿和聪明大脑之类的，看起来都是为了开发孩子的大脑。这些学龄前儿童玩具看起来都负载了很多的功能，似乎在告诉孩子们，那些日常生活中的事物本身都不够好玩。举例来说，多功能座椅会发光，有很多按钮，有电子书，座椅可调整，能播放50多首歌曲和词组；智能儿童手表具有拍照、闹钟、录音等功能；微笑和音乐学习镜可以让孩子通过音乐学习字母，辨认颜色，学会打招呼。是不是正常的椅子、手表和镜子对于孩子来说都不够有趣呢？以前的孩子可能会觉得有趣，但现在的孩子肯定不会。

另外还有儿童版的日常生活用品，用来让孩子模仿父母的行为，但这么做也让孩子在早期就接触到了真实世界的事物。例如，儿童版的智能手机和智能平板，都让孩子在很小的时候就养成了看屏幕的习惯。

如今，就连传统的玩具也加入了高科技。人们认为，传统的形状排序玩具不能够给孩子提供足够的刺激，于是在这些玩具中加入了光和声。以前的儿童学步车也有了多种功能，不仅能播放音乐，讲故事，还能发光（可能对爬行的孩子来说，光能站直走路还不够新鲜刺激）。

然而，我们仍旧担心新奇的玩具还不能够给孩子提供足够的刺激，于是投入到了各种学前班和益智活动中。在英国曼彻斯特，我可以带孩子上各种各样的班：

• 探险宝宝 • 宝宝的快乐时光 • 星期六的欢乐彩绘时光 • 小小创新探索家 • 快乐的制造家 • 儿童创造家	• 动一动身体 • 母婴合唱团 • 舞点 • 小星星芭蕾 • 迪迪跳舞 • 叽叽喳喳的游戏

（续）

• 手工艺品课程（从新生儿开始） • 小小艺术虫 • 小小前锋（足球） • 小小制作家（艺术课） • 身体探索（针对学步儿童） • 宝宝感官（从出生） • 儿童戏剧 • 快乐的双手（婴儿手语班） • 跟着音乐舞动 • 宝贝摇滚独奏 • 韵律和符号 • 节奏时间 • 唱歌和符号 • 宝宝手势的小小谈话 • 婴儿芭蕾 • 宝宝音乐会 • 宝宝眨眼 • 棒球宝宝 • 摇摆宝宝 • 宝宝按摩 • 宝宝瑜伽 • 宝宝反射疗法 • 我和宝宝的瑜伽 • 宝宝按摩 • 大厨师小厨师课程 • 灵巧的小厨师 • 潜水员课程 • 游泳城的宝宝 • 游起来 • 小泡泡 • 小小水塘鸭	• 无伴奏音乐 • 顺口溜 • 乔乔音乐 • 小孩眨眨眼 • 儿童摇滚 • 小小记录家 • 小小艺术家 • 宝宝饰品课 • 音乐宝贝 • 音乐猴子 • 铃木小提琴组合 • 球类玩耍课 • 宝贝我们来玩吧 • 小小点球手 • 小小巨星 • 球操课 • 健身课 • 橄榄球宝宝 • 网球宝宝 • 宝宝漫步 • 摔跤宝宝 • 小小野孩子 • 儿童厨艺课 • 荷兰语唱歌 • 漂亮的圆 • 小伙伴的语言俱乐部 • 小鸭子语言课程 • 中文韵律 • 法语俱乐部 • 宝宝说话课 • 排水宝宝

（续）

• 戏水课 • 游起来吧，宝宝 • 游泳培训课 • 嗓音嘹亮	• 亲子游泳 • 混乱的教堂 • 洞察力课程 • 水宝宝 • 儿童非洲音乐课

大部分的课程都针对 0～6 个月大的婴儿，且在整个英国都开设着。如果一个曼彻斯特的妈妈把孩子带到其中的任何一个班，并且在家里买了很多“益智”玩具，那么她可以完全确定，她的孩子一刻都不会无聊。万一她还是担心，那么她可以带孩子到博物馆和艺术画廊去。这些曾经为成人提供艺术欣赏的地方，现在似乎正致力于给我们的孩子提供更多的刺激。以下是曼彻斯特的文化旅游景点提供的项目：

- 某足球博物馆提供针对 0～12 个月婴儿的“培训”
- 某艺术画廊提供针对 5 岁及以下儿童的艺术和舞蹈课程
- 某博物馆每周针对 4 岁及以下儿童开展讲故事活动
- 某都铎堂学校针对学龄前儿童开展讲故事活动
- 另一个艺术画廊提供两类艺术俱乐部，一类针对学步前，一类针对学步后
- 某科学博物馆针对学龄前儿童提供以科学为主题的创新课程

当然，还有图书馆。大部分图书馆每周都会针对婴幼儿开展唱歌、讲故事和诗朗诵活动。事实上，很多图书馆作为一个安静

的隔离纷繁世界的存在，其意义已经消失了。有很多大人都抱怨英国图书馆的婴幼儿活动太多了，快变成一个儿童世界了[5]。

框**6－3**　咖啡馆文化

我写下这些文字时正是平安夜当天。我刚带着孩子从一个巧克力咖啡馆回来。在排队的时候，我的孩子大吵大闹。隔壁桌坐着另一个妈妈和她不到一岁的孩子。她把孩子放在婴儿椅上，然后拿出平板电脑放动画片，孩子立刻全程盯着屏幕，她就开始和其他人聊天了。

我并不责怪那个妈妈用平板电脑来换取片刻安宁的做法（事实上，在我的孩子大吵大闹时，我有一点羡慕她），但我又不禁开始想，为了换取这片刻的安宁，她付出了什么代价？的确，她的孩子在看动画片时不哭不闹、不打翻东西，也不做任何让人讨厌的事情，但也没有在做任何关于学习或者探索的事情。孩子不去学习怎么自娱自乐，怎么和其他人交流，什么是符合社会规范的行为，自己的行为会有怎样的后果，他不再用自己的好奇心探索周围的世界，也不再想办法让自己开心。这一天对他来说并不无聊，但他长大以后对无聊的忍耐度会不会更低？

所有这一切都表明，孩子在上学之前就已经接收到了一连串的持续性的刺激，这让他们反而无法学会自娱自乐，对低刺激程度的环境容忍度也更低。我们给出的刺激越多，他们期待的也越多。我们正在通过提供这些经常性的刺激，创造着一个充满了无聊的孩子的国家——他们未来就是成年人。

框 **6 -4** 过去和现在的对比

克洛伊，29 岁，有一个 18 个月大的宝宝叫雅各布。 以下是她所说的话：

“我觉得确保有适当的刺激来帮助他的大脑成长是非常重要的。 我绝对不允许他虚度时光——在发育的关键期，大脑成长得很快。 我要珍惜每分每秒。 我们的计划表很满，我努力确保他有各种各样的感官刺激，以全面照顾到他的大脑、身体和社交。 平时，我们上下午各有一次活动。 周一上午是音乐，下午是足球；周二上午是游泳，下午是法语；周三上午去一家图书馆参加讲故事活动，再赶到一家艺术画廊参加艺术课程，下午去参加音乐小组活动；周四上午是婴儿健身，下午是每周都有不同活动的软体玩具课；周五上午参加学龄前儿童游戏组，下午参加亲子聚会，有时在某个成员的家里，天气好的话就在公园。 雅各布下午会小睡一会儿，傍晚的时候他看动画片我做饭。 周末的时候，我们会去农场或者博物馆，也会购物——我也把它列入早教体验范围内。

雅各布也有很多电子早教玩具，例如儿童电脑、音乐播放器和平板电脑。 我经常更换玩具，以防他感到无聊——我会把一些玩具收起来，只拿出一些来，这样他能保持新鲜感。”

吉尔，70 岁，她依然记得自己是如何在 20 世纪 70 年代初期抚养两个孩子的：

“实际上，我并不记得自己做过什么特别以孩子为中心的事情。 我也会经常和其他的妈妈们聚会，但也仅限于此了。 其他时间，孩子们会和我一起去商店，看我打扫卫生，‘帮助’我做饭，或者他们自己在房间里或花园里玩。那时候的玩具跟我孙子孙女们玩的会发声的玩意儿不一样，它们不会发出声响，但也具有教育性——拼图玩具、娃娃和玩偶。他们会玩平底锅和纸筒这类生活中的东西。我们也会在夏天出去玩，不过大多是做大人喜欢的事情，比如在村镇边散步，而不是做逗乐孩子的活动。”

刺激过度的日间托儿所

以上所假设的那种全天候跟孩子待在家里的情况现在已经很少了，许多有工作的家长越来越依赖日间托儿所。学前班给孩子提供的刺激跟托儿所比起来简直是小巫见大巫！很多日间托儿所都在网上自豪地宣称自己能提供一个“刺激性”的环境。例如一家位于英国布拉德福德的托儿所称自己的环境是“最刺激的”；英国艾塞克斯的一家托儿所称他们提供“安全且有刺激性”的照顾；丹佛的一家日间托儿所称他们提供“创新、刺激和激励”的环境，诸如此类。这些本质上并没有什么问题——没有一个父母希望托儿所是沉闷又枯燥的。问题在于，日间托儿所受其本质所限，是一个刺激性过高的地方 有那么多的孩子和员工、明亮的墙壁、多种多样的活动以及新鲜事物。他们都开设了工艺品项目、讲故事、唱歌、沙盘、水上游戏、户外活动、家庭角、装扮箱、搭积木和跳舞等课程，有些甚至有结构化语言、游泳或音乐课。托儿所提供的环境远比父母提供的家庭环境刺激性强得多；这也是托儿所的吸引力所在。当然，托儿所本该如此——问题在于，长期处于这种环境中的孩子已经习惯了经常性的刺激。

美国预计有一半的学龄前儿童都在日托里——大部分孩子每周在日托里的时间在40个小时以上[6]。一项发表在《儿童发展》杂志上的研究发现，全天日托班孩子产生行为问题的可能性是非日托班孩子的3倍。部分问题在于，孩子希望得到家长的额外关注[6]。虽然有一些研究已经着眼于过度依赖托儿所的问题，但很少有研究把原因归结到刺激过度的消极影响上。除了其他解释过度日托会给孩子造成压力[7]的原因以外，我坚持认为日间托儿所采用的多变、新奇、快节奏的环境会造成长期性的问题，这些问题是很难被衡量的。在日常性提供新异刺激的环境中长大的孩子必然会追求更多的感官体验和刺激。

过度发展的日间托儿所是不是也应该为创造这个无聊的世界承担一部分责任？

电视等媒体缩短注意力时长

在西方世界，孩子们最习以为常的刺激就是电视。家长们实际上是鼓励孩子看电视的，因为有些家长觉得电视可以提供刺激且具有教育性，有些家长想在孩子看电视的时候做自己的事情（框6-5）。学前电视节目虽然具有教育性，但是也培养了孩子们看电视的习惯，我们在第四章中已经讨论过这是一种被动的消极的活动。2~5岁的孩子每周花32个小时在电视机前面——看电视节目、DVD、DVR和录像，或者打游戏[8]。这已经快赶上一份全职工作了。

其他年龄段的孩子呢？8～18岁的孩子中，有71%的孩子房间里安装了电视[8]。媒体技术的发展拓宽了电视获得内容的渠道，例如网络、手机和平板电脑。这也在无形中增加了孩子们看电视的时间。其中，有41%的人在看网络电视、时移电视、DVD或者手机[9]。

框6-5 为什么现在的孩子这么喜欢看电视？

孩子看电视时间增加有很多原因。其中一个原因是电视节目数量的增加：电视频道越多代表着选择越多。现在有很多电视节目专门为儿童开发，而在以前，一天可能仅有一个小时是儿童节目。人们越来越富裕，一套房子里有几个电视已经是很普遍的事情，包括儿童房。当然，电视并不是只能用来收看电视节目，其他很多设备都能接入电视信号。

也有一些文化原因造成这个现象。例如，父母们不再像以前一样允许他们的孩子在外面玩耍。“英国游乐”组织于2013年在威尔士、苏格兰和北爱尔兰进行的一项研究发现，成年人在小时候一周至少出去玩7次，但对于现在的孩子来说，只有不到1/4的孩子会被允许有这种自由[10]。3000名家长中有一半人都称是因为交通不安全而拒绝让孩子出去玩，40%的家长还担心如果让孩子出去玩，邻居们会质疑他们没有尽到家长的职责。另外，他们也担心孩子会制造噪声。户外设施的缺乏也是限制孩子们出去玩的因素之一。出去玩这个想法已经落后于时代了，孩子们需要做其他的事情来充实他们的娱乐时间。看电视看起来是一个完美的选择。

另一个因素是现代父母的生活方式：他们太忙了，以至于没有太多的时间和孩子们在一起。许多夫妻不但要工作，还要分担家务，所以他们没时间和孩子玩。直接把孩子放在电视机“保姆”前面对他们来说很有吸引力。2011 年英国一项针对 1000 名家长的调查发现，1/4 的父母承认把电视当成了照看孩子的保姆[11]。

看电视取代了很多积极的娱乐方式，例如阅读、运动、社交活动或者手工。即使不看电视，很多人也会开着电视，把它当成能提供刺激的背景噪声，有 2/3 的家庭在吃饭的时候都会开着电视；有 51% 的家庭几乎全天开着电视[7]。高中毕业以后，孩子们会花更多的时间看电视[12]。

关于看电视的影响有很多研究成果，但在这里仅探讨那些和无聊相关的部分。很多评论者认为，经常接受电视、电脑或其他电子设备上的画面轰炸意味着孩子是在一个快速、多变且新奇的世界中长大的。这会限制他们对那些不那么新奇的刺激保持注意力，因为他们学会了经常性地寻找新奇（可查看第四章和第五章）。常识媒体（Common Sense Media）针对 685 名公立学校和私立学校的教师进行在线调查，其中 3/4 的教师都认为学生使用娱乐性的媒体（电视、视频游戏、发短信和社交网站）“在某种程度上严重损害了他们的注意力集中时长”[13]。这是因为孩子们已经不习惯对那些不新奇、不常变化的东西集中注意力了。他们会觉得无聊，想要找更多的刺激（例如新鲜事物）——他们会在进度较慢的课程中翻书、看视频、查邮箱、发推特或者更新脸书状态。他们只是习惯了被一连串快速变化的刺激轰炸，快到他们根本不需要去保持注意力。

另一个在线调查与上文的观点一致。皮尤研究中心（Pew Research Center）和美国生活项目在网上调查了2462名初高中老师，结果发现，87%的老师称这些新科技正在创造“无法长时间集中注意力的一代”[14]。

这些调查结果也和很多科学发现相一致。这些科学研究都显示，电视正在缩短年轻一代的注意力时长。例如，2004年发表的一篇纵向研究跟踪了1278名1岁儿童和1345名3岁儿童，直到他们长到7岁[15]。研究发现，早期的看电视行为和孩子们7岁时呈现的注意力问题相关。2010年的一个研究发现了类似的结果：爱荷华和明尼苏达的研究者们花13个月观察了1323名儿童，孩子和他们的父母都会报告孩子看电视和玩视频游戏的时间，以及注意力问题（由老师描述）。他们还观察了210名大学生，大学生们自己报告看电视、玩视频游戏的时间和注意力问题。结果发现，看电视和玩视频游戏更容易引发注意力问题[16]。我们可以从之前一位研究者的评价中看到其中的原因，“大部分电视节目非常刺激，以至于经常看电视的孩子就无法对不那么刺激的事物集中注意力了”[13]，而且“因为电视节目多是注意力焦点的快速转变，经常看电视会分散孩子对那些不吸引眼球的任务的注意力”[17]。

框6-6　反“终极电子保姆”玩具活动

2013年，无商业化童年运动(Campaign for a Commercial-Free Childhood，CCFC)针对一款搭载iPad的婴儿躺椅进行抗

议。这款产品可以让新生儿在躺椅里看 iPad。家长们签了请愿书，申请召回该产品，并认为它是“道德上不负责任”的[18]。产品官网称，这款产品“可以提供刺激，吸引婴儿的全部注意力”。召回请愿书上有 11000 人签字，但直到本书成书之时，美国市场上仍在售卖此产品——即使 APP 上对婴儿看屏幕的时间限制为 10 ~ 12 分钟。

造成孩子注意力问题的不仅仅是看电视。电子设备上社交媒体的使用也是非常普遍的。2011 年的一项调查研究发现，22% 的青少年每天会登录他们最喜欢的社交媒体 10 次以上，超过一半的成年人每天会登录一次以上[19]。现在，75% 的青少年都有自己的手机，其中 25% 的人会用来玩社交软件，54% 的人用来发短信，24% 的人用来即时通信。青少年的这些行为在很小的时候就开始了：59% 的孩子在他们 10 岁的时候就开始用社交软件了，即使官方的年龄限制要大得多（例如 Facebook 和 Snaps 是 13 岁，Whatsapp 是 16 岁）[20]。令人震惊的是，72% 的不到 8 岁的孩子都已经开始用手机了——38% 的 2 岁以下的孩子也开始用手机[21]。

电视、电脑、社交媒体和电子游戏对孩子造成的影响分为两个方面。一方面，孩子们习惯于追求媒体带来的经常性的多变的新异刺激；另一方面，孩子们通过自身去满足刺激需求的能力也减弱了，习惯于通过刷手机、点屏幕、打字来满足这些需求的孩子们已经失去了能够激起神经刺激的想象力、创造力和解决问题的能力。

框 6-7 智能手机：新的保姆软件

根据琼·岗兹·库尼研究中心（Joan Ganz Cooney Center）2009年的研究结果[22]，在某手机应用商店，销量前一百名的教育应用里几乎有一半是针对学前儿童或小学生的。原因是家长们把手机当成吸引孩子的娱乐中心：在超市排队的时候，在餐厅吃饭的时候，在旅途中，在医院候诊的时候。在2013年的一个调查研究中，有3/4的父母都认为他们的手机和平板电脑是娱乐和教育后代的实用工具[23]。曾经只需要蜡笔或想象力就能自娱自乐的孩子，如今在会发牢骚说“太无聊”之前就能用手指点开那些快速变幻的新奇的刺激（可以看“咖啡馆文化”那一段）。

在本书成书时，亚马逊上排在畅销榜前20名的付费应用中，13个都以学前儿童为目标。

“狂躁一代” 与他们被压榨的时间

第八章我们会探讨学校环境的过度刺激，但现在我们要来探讨孩子们课后会做什么——不盯着屏幕（电视、电脑和社交媒体等）的时候。家长们急切地想让孩子在这个竞争激烈的世界里占得先机，于是给他们排满了课后补习班和发展活动，以至于现在的孩子没有机会感到无聊。放学后，他们从一个活动中心跑到另一个活动中心，这让原本就在学校接受了过度刺激的孩子们获得了更多的新异刺激。

框 **6－8**　课后活动是无聊的解药

阿联酋数学学习中心认为放学后的数学课是解决孩子无聊问题的一剂良药。学习中心指出，那些热衷于传统课后活动（比如看电视）的孩子只是在浪费时间，数学中心是“更好、更有刺激”的选择。

当然，数学中心也可能是对的——数学课是一种比看电视更好的打发时间的方式。但是希望迪拜的父母们不要急着用规划好的活动填满孩子的每一刻——起码让他们有无聊发呆的时间[24]。

2014 年，英国伦敦的一项研究发现，小学生平均每周会参加 3.2 个课后活动，中学生平均每周会参加 1.7 个课后活动[25]。这可能意味着，11 岁以下的孩子中，有一半人基本上每晚都会参加课后活动。孩子们奔波于一个又一个课后活动之间，时间被排得满满的。*The Over－Scheduled Child*（超负荷的孩子）、*The Pressured Child*（压力过大的孩子）、*Pressured Parents, Stressed－Out Kids and Hyper－Parenting: Are You Hurting Your Child by Trying Too Hard*（高压父母的高压管教：你在用过度的努力伤害孩子吗）等一系列图书都说明了孩子超负荷的问题，心理学家和评论家们称孩子们也需要无聊发呆的时间。校长大会主席理查德·哈曼（Richard Harman）在 2014 年针对这个问题呼吁中学生家长们“停止压榨孩子们的走路时间”[26]。

Nurturing A Healthy Mind（培养健康心态）的作者迈克尔·C. 内格尔（Michael C. Nagel）警示了孩子超负荷刺激的危害；

独立预科学校协会（Independent Association of Prep Schools）的教育培训总监朱莉·罗宾逊（Julie Robinson）认为，课后活动带来的超负荷刺激会导致“躁狂一代”的形成[27]。太多的课后课程让孩子们没有时间去思考、反省和发明创造。这些由学校活动、课程和社会活动带来的刺激培养了孩子们对经常性兴奋的习惯。玛丽·波斯蒂德（Marry Bousted）教授是教师与讲师协会（Association of Teachers and Lecturers）常务秘书，她在 2014 年《卫报》的一篇文章中指出“对生活会变成充满娱乐的云霄飞车的期望，并不是对成人世界的良好准备”。

框 6-9　课后活动有哪些?

根据一家在线教育机构[25]在 2014 年对 1000 名伦敦家长的调查，最受欢迎的小学生（11 岁以下）课后活动有：

1. 游泳课
2. 乐器课
3. 戏剧俱乐部
4. 舞蹈
5. 童子军

最受欢迎的中学生（11 ~18 岁）课后活动有：

1. 运动俱乐部
2. 乐器课
3. 舞蹈
4. 驾驶课
5. 童子军

孩子的超负荷行程不仅在创造一个有无聊倾向的成人世界，也让孩子们对那些课后活动本身越来越无感。做一件事情时间太长就会觉得无聊，所以那些从5岁就开始学小提琴的孩子比更大年纪才开始学的孩子更容易放弃小提琴。研究者们发现，到了13岁，有3/4的孩子都会放弃他们过去一直参加的活动，因为他们已经厌倦了[28]。经常接受新异刺激和挑战的孩子无法对那些不再刺激他们的东西保有兴趣。他们放弃小提琴以后会去学新东西——家长们也很乐于看到孩子有新的兴趣，他们认为，只要孩子愿意接受新的刺激就可以，至于新的刺激是什么并不重要。因此，孩子的生活就变成了开启新的兴趣、停止，然后再开启新的兴趣这样的随意循环组合。

框 **6-10**　超前培养和虎妈

超前培养是一种存在争议的抚养模式，主要是指为了刺激孩子的大脑，让孩子密集地参加课后活动。这有点像在种庄稼的时候为了植物长得更快而密集施肥。2011年，由蔡美儿（Amy Chua）撰写的*Battle Hymn of the Tiger Mother*（虎妈战歌）把超前培养和“虎妈”的概念联系在一起。在书中，这位中国妈妈提倡非常严格的“超前培养”理念，例如，强制要求女儿每天练习乐器多个小时。在本书引起对超前培养、中国和西式教育模式的争论的同时，人们也开始讨论父母应该在多大程度上鼓励孩子参加课外活动。

让他们去感受无聊吧

为什么现在的父母这么害怕自己的孩子会感到无聊呢？我们已经知道为什么家长不让孩子出去玩，为什么孩子以电视和电脑为娱乐工具，为什么家长会给孩子安排很多课外活动。这些致力于最大限度减少无聊的行为背后有着多种多样的原因，就像之前讨论过的——从家长缺少带孩子的时间，到“陌生环境的危险”。但这些都只是在表达对孩子在生活中变得优秀的希望，而并没有触碰到隐藏在家长心中的深层次的恐惧——他们担心孩子会无聊。

现在的家长看待“无聊”如临大敌，愿意不惜一切去预防它。无聊意味着低刺激水平，而刺激在家长眼里如同给予孩子的食物和爱一样重要。刺激已经在某种程度上变成了21世纪的时代精神，而它的反义词——无聊——变得令人嫌恶。如果没有在孩子出生之后甚至是之前给予他们足够的刺激，父母就是失败的。对于这种失败的恐惧是当今父母的主要焦虑。孩子出生以后，父母不仅不会让孩子自己去找事情做（就像我妈妈那样），反而觉得那样是没有尽到父母的职责。孩子们对无聊的抱怨就像一句句有力的指控，这让许多家长感到内疚，于是，忙于平衡工作和家庭的父母们希望通过给孩子最好的教育发展优势来弥补孩子。但是包括我在内的很多人都觉得那是错误的。通过每时每刻的刺激来对抗和预防无聊的方式，才会让孩子失望。我们只是急于用有意义的活动来填满孩子的时间，却忘记了那些无所事事的时间也很重要。

一些育儿专家已经意识到了这一点，并且开始呼吁家长去拥抱无聊，而不是害怕无聊。泰瑞莎·贝尔顿（Teresa Belton）教授是东英格利亚大学教育和终生学习学院的高级研究员，她在对无聊的研究中采访了许多作家、艺术家和科学家。2013 年，她发表的研究呼吁家长们允许孩子有无聊的时间，这有利于孩子创造力的发展。她举例说，作家梅拉·沙尔（Meera Syal）为了打发无聊而每天写由诗歌和故事组成的日记，那是她写作的最初体验。贝尔顿教授呼吁给孩子以“站着发呆”的时间，她认为，孩子在感到无聊和枯燥以后才能学会自娱自乐，并强迫自己有创造性的产出[29]。

2014 年，独立预科学校协会（Independent Association of Prep Schools，IAPS）的教育培训总监朱莉·罗宾逊（Julie Robinson）在 IAPS 杂志上发表文章说，无聊能让孩子对以后不那么刺激有趣的成人生活做好准备。她还说，冷静和反思应该被放在和课外活动或“刺激性”活动同等重要的地位[30]。2010 年，评论家爱德华·科利尔（Edward Collier）[31]在《卫报》上写的一篇文章很有启示性。文章中，他感叹家长们一心想给孩子提供“袋装加热食品”般“方便即用”的娱乐。他说，无聊可以为那些需要内在资源的消遣方式“打开通道”，例如写作、作诗、作曲等。

那我们应该怎样让孩子拥抱无聊呢？这是我的建议：

- 从一开始就不要费心思去买胎教工具——孩子所有的需求都能在子宫里满足，其中也包括那些必要的刺激。
- 忘记那些占据儿童玩具主流市场的吵吵闹闹的玩具。小孩子完全不需要有光、有音乐、会动的玩具，只需要那些能开发儿童技能的简单玩具（例如拼图）。

- 提供基本的、能创造性地打发无聊的工具：纸、画笔、铅笔盒和手工零件。
- 避免太多的背景声音，只在需要看电视的时候打开电视，慎重选择电视节目。
- 限制孩子在日间托儿所的时间。这种托儿所本身并没有什么问题，但是待在里面太久会造成过度刺激。
- 限制孩子看屏幕的时间。包括电视机、电脑和手机等。
- 让孩子接触来自真实世界的刺激：大自然、来来去去的扫地机器、叮叮当当的锅碗瓢盆等。我们身边就有足够的刺激物，孩子们不需要有更多期待。
- 不要让孩子太忙。虽然有些活动和课程很棒，但是一定要确保孩子有空闲时间。
- 在孩子说“我很无聊”的时候感到开心。把它当作你教育的成果，而不是质疑。
- 最后，去咖啡馆的时候不要给孩子玩 iPad，而是带上蜡笔，鼓励他们看看周围，和环境进行互动（警告：这当然也包括你和孩子的互动）。

框 **6－11**　撰写这本书的时候，我的小儿子感受到了无聊

在我撰写这本书的时候，家里时不时地回响起“我好无聊”的哀嚎，尤其是在周末或者晚上。我 7 岁的儿子很快意识到，我对这种抱怨的标准回答是“真棒”！虽然有时我会使用一下“电子保姆”，但我

仍然非常努力地抗拒使用它，即使他的哭声有时是那么的悲惨。所以我就是一个残忍、冷漠、只顾自己事业的母亲吗？在你告诉我答案之前，我列举一下我小儿子后来在无聊期间做的事情：

- 他制作了一个卡片工厂。他创造出了针对不同场合的打招呼卡片，并做了一个卡片展示台。然后试图劝说每一个家庭成员购买他的卡片。
- 他在几张报纸和几本杂志上写写画画。
- 他虚构了一个名叫“Canchowie”的世界，有虚拟的地点和目的地。
- 他做了一个很长的“连锁反应”实验。滚动一个罐子，让它撞倒另一个东西，然后再撞倒下一个东西，直到完成一连串的“反应”。
- 他模仿我的办公室，在他的卧室也创造了一个“办公室”（我花了很长时间去欣赏）。
- 他用纸和胶带做了一个3D的“商店”模型。他甚至还用纸做了衣服。
- 他发明了三合一铅笔。把铅笔、卷笔刀和橡皮合为一体。
- 他做了一套化装舞会上穿的衣服。
- 他创作了几首歌，有一首叫《世界上最亲近的人》，还有一首叫《家里有一个强盗》。
- 他创造了一个游戏，里面有3D木板、纸币和游戏模块。这个游戏叫“背景镇”，我并不完全知道这个游戏的目标是什么（可能在量产之前还需要一定改动）。

第七章　多动和自闭陷阱：世界、无聊和我

无聊的特点是寻找刺激，表现出躁动不安的感觉寻求行为，例如坐立不安、难以维持和集中注意力（对于那些需要注意力维持的事情）。巧合的是，这些症状都能贴切地形容多动症（ADHD，注意力缺陷多动障碍）。那么问题就来了，无聊倾向人格和多动症是否有区别？是否有一些（甚至全部）被诊断为多动症的孩子实际上只是无聊了？追求新奇和刺激、无法忍受慢速刺激和无法维持注意力的氛围，创造了无聊这个产物。

我只是坐立不安而已——多动症

孩子感到烦躁不安、精神不集中和无聊并不是一个现代现象。德国诗人海因利希·霍夫曼（Heinrich Hoffmann）在1845年创作的“烦躁菲利普”的故事中，菲利普的行为太过焦躁，

以至于他的爸爸恳求他能不能哪怕坐好“一次”。菲利普没有服从，而是从扭来扭去变成在椅子里用力地前后摇摆，然后往后摔下去，为了支撑住自己，他死命抓住桌布，最后所有餐具都掉在了他的身上。可怜的菲利普因为自己的行为而很不讨人喜欢。现在的父母都很可能会说，他很有可能是得了多动症，果断服用哌甲酯（Ritalin）就可以了。

坐立不安的孩子很常见，得多动症的孩子也越来越多了。英国儿科医师乔治·斐特烈·斯蒂尔（George Frederic Still）对多动症进行了第一次描述。直到现在，这种症状仍有很多名字，例如多动综合征（Hyperkinetic Syndrome）、注意力缺失紊乱（Attention Deficit Disorder）、注意力缺陷多动障碍（ADHD）。美国精神病学协会的诊断手册 DSM－5（用来诊断所有精神疾病的“圣经”）列举出了多动症的指标：注意力涣散（孩子容易分心）、活动量过多（比如经常坐立不安）、自制力弱（上课插话）。所有这些看起来都像是一个无聊的孩子会做的事情。

多动症其实是一种有争议的病症。它并没有确切的诊断方法，随着越来越多的孩子被贴上多动症的标签，很多人认为它的诊断方法太过于简单了。2005 年，纽约州立大学布法罗分校的心理学教授吉尔·诺尔维里蒂斯（Jill Norvilitis）以及中国首都师范大学的心理学教授方平共同研究发现，美国有 82% 的教师都认为“多动症被过度诊断了”[1]。数据显示，多动症人数有了大幅增长。美国疾病控制和预防中心的全国儿童健康普查发现，从 1985 年到 2011 年，诊断出的青少年多动症人数增长了

830%[2]。2013 年在《纽约时报》上刊登的一篇报道称，24 年内，在美国接受多动症药物治疗的儿童数量从60万增长到了350万[3]。这就意味着，接近1/5的美国高中生和11%的学龄儿童都接受过多动症的诊断[4]。多动症已经成为仅次于哮喘的儿童第二大长期性高发病症。

无聊倾向的引导因素

接受多动症诊断的儿童数量大幅度增长的原因，一方面是由于误诊，另一方面是教师和临床医生对多动症有更多的认识。有很多人认为无聊和无聊倾向被医疗化了，或者说，我们正在培养一批被诊断为多动症的无聊、烦躁的孩子。

迪米特里·克里斯塔基斯（Dimitri Christakis）是西雅图儿童医院和区域医疗中心的一名儿科研究员。他的观点和我相同：快速发展、追求新奇的社会使得多动症患者迅速增加，尤其是看电视促进了多动症患者数量的增长。2004 年，他在 *Pediatrics*（儿科学）发表的文章中称，儿童早期的看电视行为造成后期的注意力问题[5]。他尤其指责了过度刺激的电视节目，就像我在第六章中提到的观点。习惯于期待快节奏和新奇事物的孩子已经无法维持注意力在长时间缓慢改变的事物上了。因此，所有需要维持注意力的事情（例如阅读、数学、综合理解、家庭作业等）对于那些需要额外努力才能集中注意力的孩子来说就是很无聊的。这样看来，越来越多的孩子被贴上多动症的标签也就不足为奇了。

这并不是说看电视（或其他屏幕）太多就会引发多动症，因为大部分研究显示多动症还有遗传因素。但很有可能这些无聊倾向的引导因素和这个快节奏的社会把我们的孩子从无聊倾向推向了注意力缺陷。另外，那些在高强度刺激环境中成长起来的孩子由于无法适应普通的日常生活而感到无聊和无法集中注意力。人们过分热衷于给他们贴上多动症的标签。因为这对于家长来说就是找到了解释孩子症状的“简单”理由，对于医疗产业来说是扩展了多动症的治疗范围，对于老师来说就是可以通过教育有“特殊需求”的孩子而获得更多的资金和支持。详情可以查看框7-1。

框7-1　家长推动了多动症的诊断

西方中产阶级的家长们趋向于将他们的“困难”孩子诊断为多动症。英国伦敦大学国王学院心理医学院院长西蒙·威斯利（Simon Wessely）先生评价说，这是在“用药物治疗正常的孩子”[6]。这些家长的动机在于他们宁愿孩子被贴上多动症的标签，而不愿意因为孩子的问题行为而被批评教育不当。

家长们也急切地希望药物可以帮助孩子们集中注意力，在学校有更好的表现。学校也通常会认可这种过度诊断，因为他们可以因为接受“特殊需求”的孩子而得到额外的资金，并且推脱了对“问题儿童”的教育方法上的责任。

美国芝加哥的理查德·索尔（Richard Saul）医生是一名儿科神经学家，他认为多动症根本就不存在，那些喜欢给孩子贴上多动症标签的家长其实是不愿意承认孩子们“陷在无聊之中”[6]。换句话说，我们宁可承认有多动症而不愿意承认我们只是太过无聊且无法对刺激强度不够的事情（通常是知识类）集中注意力。在幼儿园和小学里不安分的表现较差的孩子，他们的中产阶级家长们宁可让别人相信孩子的身体状况有问题，而不愿意让人觉得孩子智力上有问题。另外还有家庭财务方面的因素。在英国，至少在目前，多动症被认定为一种残疾，多动症儿童的家庭可以获得一定的福利，包括护理人员津贴和残疾儿童税务津贴。预计目前在英国有43000个家庭申请了多动症的福利津贴，而在2001年仅有800个家庭申请。甚至还有一些家庭可以获得纳税人资助的汽车。根据2011年的一项研究，有3200个多动症儿童的家庭获得了由政府出资15亿英镑支持的汽车[7]。

毫无疑问，多动症诊断数量的增加也受到了制药产业的支持。在过去的20年间，全球多动症药物市场规模从1100万英镑扩展到了110亿英镑以上[7]。在允许药物广告的美国，家长们感受到了来自这种对孩子注意力问题有神奇疗效的药物的压力。曾经被认为是稀松平常的现象——孩子无法在枯燥的数学课上安坐在椅子上——现在被医药广告说成应该用药物进行治疗，药物可以提高驱动力和注意力，药物是提高成绩的捷径[4]。

多动症和无聊倾向之间的关系

多动症和无聊倾向之间的生理学关系可以通过神经科学来证明。例如，已有研究发现追求新奇是多动症患者固有的行为，以至于他们更容易觉得日常生活单调又缺乏刺激，他们比普通人需要更多的新鲜感和刺激。美国国家药物滥用研究所（National

Institute on Drug Abuse, NIDA)的诺拉·沃尔(Nora Volkow)教授运用断层扫描技术检查多动症患者的大脑，从而发现了这个结果。他对比了未接受药物治疗者和多动症患者的多巴胺受体，发现多动症患者的大脑奖赏回路中的D2和D3(两种多巴胺受体)显著少于未接受药物治疗组。多巴胺受体越少的个体，注意力缺陷的症状越严重。这些研究结果说明多动症患者奖赏回路的敏感度低于正常人，这让那些原本有趣的活动在他们看来也是无聊的——他们只是不停地寻求新鲜感和刺激[8]。

框7-2 为什么法国的孩子较少得多动症?

在法国，被诊断为多动症或者正在接受多动症治疗的孩子不到0.5%，远低于美国和英国。这是因为，在法国，多动症并不被当作一种病症，而是一种由情境引起的社会心理性症状，它并不需要药物，而是采用关注孩子所在社会环境的治疗方案(例如心理疗法)。法国医生非常擅长发现和改善社会环境中的偏差因素(包括期望、食物、生活方式)，被诊断为多动症的孩子也就更少了[9]。

追求新奇在人类进化初期是大有裨益的，但在这个时代，它已经变成了令人讨厌的“古董”，阻碍我们踏踏实实地做出些学术成果来作为人生的重要成就。多动症患者被刺激、兴奋和感觉寻求牵着鼻子走，而躲开了常规和重复，无法安坐着维持注意力，因此他们很难忍受无聊。但我不禁想，如果他们一开始就没有接受那么多的经常性刺激，那些状况会不会缓解一点?如果多动症患者是在一个更为平和的、对兴奋刺激不那么期待的环境中长大，症状会不会没那么严重？我的“无聊疗法”可能无法完全治好孩子的多动症（当然不可能），但有可能可以减轻多动症的强度和频率。

框 **7－3** 以多动症为优势的文化

在人类进化过程中，多动症是一种优势。作为捕猎者，我们需要快速观察环境，注意到新鲜刺激并转换注意焦点——这些都能帮助我们锁定猎物（而不是变成别人的猎物）。在现在的西方世界，这种技能不再被需要，长时间关注重复性的单调的刺激却可以带来更多优势（至少长期来看）。

在肯尼亚有一个游牧部落叫阿里尔族（Ariaal）。它的一个分支居住在农业繁荣的地区。这为华盛顿大学人类学家丹·埃森博格（Dan T. A. Eisenberg）的研究提供了可能性，他对比了游牧部落及其分支的第四类多巴胺受体——DRD4 7R——的分泌频率。DRD4 7R 可以控制多巴胺的分泌，与多动症有着密切的关系。埃森博格教授发现携带有 DRD4 7R 的游牧部落者更为健壮。所以，如果你生活在一个游牧部落，那么有多动症倾向行为模式的大脑结构可能会让你更有优势。就像以狩猎为生的祖先一样，对他们来说能够长时间关注同一个刺激物并不是优势，而能在新鲜事物（天敌或猎物）之间快速切换关注点才是生存之道。不幸的是，对于如今很多多动症患者来说，安逸稳定的生活方式可能并不适合他们的行为模式[10]。

在“此时此地”让孩子停下来

如果像我所假设的那样，造成多动症的部分原因是过度刺激的文化，那么也许多动症可以用“停机疗法”来治疗。为了减少孩子对新奇和刺激的依赖，这种疗法需要给孩子大量的“停机时间”。“停机疗法”把刺激作为一种成瘾物，很多人对刺激过度依赖，所以要减少对刺激的需求。

“停机疗法”由正念疗法、放松疗法、冥想组成，并且减少接触电子产品的时间。运用正念疗法来治疗多动症已经被证明是行之有效的。2014 年，《临床神经生理学》已经刊登过相关文章，文中提到多动症的成年患者可以通过结合认知疗法的正念练习来得到帮助，甚至可以达到服用中枢神经兴奋剂的效果[11]。2012 年的一项针对儿童的研究也发现了相同的效果[12]。

正念是由西方心理学最新构建的理论，而它在东方世界已有 2500 年的历史。由于正念触碰到了注意力的核心，所以它对于治疗多动症是有效的。这是一种需要密切关注内心的想法、感受和情绪——在“此时此地”（而不是左顾右盼，等着接下去要发生点什么）的方法。它能帮助人们对当下的事物集中注意力，使人沉浸在思考中，向内观望自己。正念与新奇追求和感官追求相反——它能帮助人们减少神经兴奋，增加对现有刺激的专注力，而不是寻找新刺激。

框 7-4　怎么做“正念”？

精神病学家莉迪亚·兹洛斯卡（Lidia Zylowska ）著有 *The Mindfulness Prescription for Adult ADHD*（成人多动症的正念疗法）。书中将正念分为三个阶段：

1. 对一个“注意力锚”集中注意力（这个过程通常是深呼

吸）。

2. 注意到分心的产生，并试图停止分心。

3. 重新把注意力投到“注意力锚”上。

在书中，兹洛斯卡也提出了八个步骤的练习计划，包括练习坐着冥想、身体觉知、发声思考和聆听、提高自我接纳、有意识地自我指导等。

冥想也是“停机疗法”的一种方式，而且它已经被一些多动症治疗机构所采用。它是一种类似于正念的心理训练，能够帮助我们管理注意力。最近的研究已经发现正念冥想训练可以改善注意力网络，改变神经活动并且改变多巴胺水平[13]，这些都与无聊倾向和多动症相关。这听起来可能有些奇怪，因为多动症患者觉得他们无法保持长时间注意力来练习冥想。但事实上，它起作用了：在 *Mind & Brain*（思想与大脑）上发表的一篇随机分配实验研究发现，练习过 TM 冥想（Transcendental Meditaion Technique）的学生，注意力缺陷和多动症症状都有所缓解[14]。早先在 *Current Issues in Education*（当前教育问题）期刊上发表的一篇研究跟踪了一批多动症学生，他们每周在学校参加两次冥想（也是 TM 冥想）练习。三个月后，研究者发现超过 50% 的学生多动症症状都有所缓解[15]。TM 在研究中被广泛应用，因为它不需要集中注意力、控制大脑或者焦点，这些对于多动症患者来说比较难做到。

这些“停机疗法”的疗效表明，用减少刺激的方法来对抗这个过度刺激的世界能够帮助多动症患者，让他们重新开始学会应对缺少刺激和新奇的生活。这也告诉我们，如果不让孩子在很小的年纪就接受那么多的刺激，我们就有可能阻止多动症的增长势态。

总是让人感觉无聊的我——自闭症

第十章会探讨是什么让人变得无聊，而不是什么让人感到无聊。无聊的人到处都有，而且通常都是其他人（不无聊的人）的麻烦。第十章会详细讨论是什么让他们变得如此令人感到无聊，而在此我们会继续讨论有特殊需求的人群和无聊之间的关系。那些被我们打上“无聊”标签的人，是否有可能是无聊程度较轻的自闭症患者。也就是说，如果“容易感到无聊”（无聊倾向）的人是类似于多动症患者的特殊人群，有可能“让人感到无聊”的人（例如自闭症患者）也可以被当作有特殊需求的人群。

框**7－5**　什么是ASD（Autism Spectrum Disorder，自闭症谱系障碍）？

英国全国孤独症协会(National Autistic Society)估计每1000个人中有11个人（11%）有自闭症谱系障碍，也可以叫自闭症或者艾斯伯格综合征(对于那些症状较轻，或者“高功能”患者)。这种障碍主要体现在三个方面：社会互动障碍、社会沟通障碍及社会想象障碍。很多自闭症候群都和社会功能障碍相关。在谱系障碍内（是谱系，而不是全或无的情况）的很多人发现自己很难维持社交互动，有的是因为不能理解他人的情绪，或不能合理表达自己的情绪，有的是不能和他人很好地相处（例如太随意处事，或重复谈论某个话题）。

每个自闭症患者的表现各有差异，但大部分都会分成两种情况：

- 社会互动障碍和沟通障碍——包括理解和意识到他人的情绪和感受。
- 固化或重复的思维、兴趣和身体行为——包括重复身体动作，例如拍手和扭动，在动作被打断的时候会表现得很沮丧。

1994 年 *Clinical Social Work Journal*（临床社会工作杂志）上发表了一篇有启示性的文章——《唯一理智："无聊"病人的自闭症障碍》[16]。文中称那些"容易感到无聊且本身又无趣"的患者几乎不会表露情绪并且缺乏想象力。因为他们的思想具体又刻板，他们说话缺乏深度和丰富性，这让他们看起来很无趣。作者认为，无趣并不仅仅是一种性格特征，而是一种健康状态——甚至是疾病。文中还引用了英国儿童精神病学家温尼科特（D. W. Winnicott）的话，温尼科特在 1971 年称，那些让你感到无聊的人其实是"病了"，需要接受"心理治疗"。

也就是说，无聊的人不应该被指责或者嘲笑（事实上他们经常被这样对待），而应该被看成是有心理疾病的人。我想，如果在现在，温尼科特教授不会把无聊的人当成病人，而是认为他们有自闭症谱系障碍。事实上，无聊和自闭症之间的关系因为一种新设备的诞生而更加密切了。2006 年，《新科学家杂志》[17]刊登的一篇文章称，这种设备能够采集情绪，在用户的交谈对象开始表现出无聊的迹象时，提醒用户。这种设备叫作“情感社交智能假肢”，是由卡利欧比（Kaliouby）与他的 MIT 同事莎琳德·皮卡德（Rosalind Picard）和阿列亚·蒂特斯（Alea Teeters）共同研发的，旨在帮助那些无法识别社交线索的自闭症者意识到自己让别人感到无聊了。

框 7-6 自闭症者的最佳工作

运输安全管理局的机场行李安检人员需要检查成千上万件 X 光下的行李，试图找到危险品。这是一项枯燥的重复性的工作，很多工作人员很快就会分心，这就带来了风险。但是，对于自闭症者来说，这可能是一份最合适的工作。

2013 年，卡耐基梅隆大学、匹兹堡大学和明尼苏达大学的研究人员发表了一份研究报告，他们发现，高功能自闭症者在检查 X 光下的行李时，工作速度和非自闭症者一样快。更重要的是，时间越长，他们的表现越好，这表明他们并没有像非自闭症者一样分散了注意力[18]。

2014 年在《神经信息学前沿》[19]上发表的一项研究解释了上述结果。研究者们用脑磁图描记术（MEG）——一种无害、无声的技术——扫描了自闭症和非自闭症儿童静息态时候的大脑。结果发现，在同样枯燥的环境下，自闭症儿童比他们的同龄人加工的信息更多，并且可以观察到更多的细节差异。另一项发表在《神经科学杂志》[19]上的研究也展示了在视觉信息处理方面的相同结果。研究发现，自闭症者的视觉皮质在受到视觉刺激时比非自闭症者的反应更强烈，这也让他们的感觉体验更强烈。

古怪、冷漠，自闭症的两个标签

在第十章，我会列举出无聊者的 29 个习惯。这些习惯中有很多也会发生在自闭症患者身上。例如，他们愿意谈论（或是着迷地讨论）的兴趣爱好非常有限，说话平淡无奇，或是非常关注某个细节，很难理解他人谈话的重点。他们很难与人保持目光接触，不理解玩笑的含义也不会开玩笑（只会从字面上理解），更无法理解那些暗示倾听者已经感到无聊的线索。因此，我们可以认为“高功能”自闭症者比较无聊，但也应该把这些特质和他们的身体状况结合在一起看待。

有趣的是，自闭症人数在过去的几年间出现了巨幅增长。在 20 世纪 70 年代和 80 年代，每 2000 个儿童中就有一个患有自闭症。现在，疾病控制和预防中心预计，在美国每 150 个 8 岁儿童中就有一个患有自闭症谱系障碍[20]。出现这种显著增长的一个原因是人们对这种病症的认知增加了，诊断的排他性标准也更多了。过去那些被贴上“古怪”或者“冷漠”标签的孩子们现在可以被诊断为自闭症。这意味着过去很多患有自闭症的孩子都没有被诊断出来，现在，我们身边很有可能有很多自闭症谱系障碍者。在过去，由于学校对自闭症的认识较少，只有那些最严重的孩子被列入诊断范畴。英国全国自闭症协会（NAS）调查发现，每 100 个成年人中就有 1 个患有某种程度的自闭症，而他们大多都没有意识到[21]。

所以我认为，现在有成千上万的成年人，他们不停地用模糊不清的语言谈论自己的爱好，体察不到他人的感受或表现得漠不关心，或者只聊自己的事情而不会向他人提问，或者用平铺直叙的语调说话，被人认为很无聊——而他们其实是自闭症患者。

第八章　学习陷阱：为什么学习越来越没劲？

虽然现在的教学方法看起来越来越生动、刺激和快捷，但是孩子们还是觉得无聊。最近一次大规模调查发现，66% 的学生每天都会感到无聊，17% 的学生称他们上每节课都会觉得无聊[1]。似乎课上提供的刺激越多，学生需要的刺激也就越多（前面章节提到过）。这一章将会讨论，现代教学方法的发展和社会越来越关注儿童的趋势（第六章中讨论过）让这一代的孩子对生活充满了期待，期待生活的方方面面都充满兴奋和刺激——在这种期待没有得到满足的时候（例如他们工作以后），他们就会感到很无聊。换言之，教学方法越刺激、越快捷、越抓人眼球，孩子们就越容易感到无聊。

令人困惑的“上学太无聊”

“当手机电量剩下 60% 时，你就会知道这堂课有多无聊……”

2004年，盖伦普针对美国的青少年做了一个调查，他让被调查者从14个形容词中挑选3个词语形容他们上学时的感受。“无聊的”是被选频率最高的词语——超过一半的人都选择了它[2]。在2006年的一个调查中，467名退学高中生中近一半人称退学的主要原因是上学太无聊[3]。2007年，印第安纳大学的《高中学生学习投入度调查问卷》（High School Survey of Student Engagement）调查了26个州110个高中的81000名学生。其中2/3的高中生称他们每天在学校都觉得无聊[4]。

学生无聊现象不仅限于美国。根据2001年的一项调查（最近的），31个国家中有近一半的15岁孩子称他们在学校感到无聊。表8.1显示爱尔兰的情况最为严重，有67%的学生经常感到无聊；葡萄牙的情况最好，只有24%的学生会感到无聊[5]。

表8-1　哪个国家的学生最无聊？

国家	在学校“经常”感到无聊的学生比例（%）
爱尔兰	67
西班牙	66
希腊	66
美国	61
澳大利亚	60
新西兰	60
芬兰	60
瑞典	58
挪威	58

（续）

国家	在学校“经常”感到无聊的学生比例（%）
加拿大	58
英国	54
意大利	54
卢森堡	50
奥地利	49
德国	49
列支敦士登	47
捷克	47
比利时	46
韩国	46
丹麦	41
瑞士	38
波兰	38
法国	32
日本	32
拉脱维亚	31
冰岛	30
巴西	30
匈牙利	29
墨西哥	28
俄罗斯联邦	27
葡萄牙	24

数据来自国际学生评价（PISA）OECD 项目 2001 年的数据库。

框 **8-1** 无聊的日本人

虽然日本学生的无聊排名较低，但是，2000 年日本报纸刊登的一篇文章称，他们观察到很多学生流向私立学校的原因正是无聊。日本在 2000 年开始引入“轻度课程”的新政策（可能就是因为上述文章），这也意味着日本的学生“对无聊越来越麻木”了[6]。

为了防止这些研究是在高科技教学方法大范围使用之前进行的（大多数是之后），我尽量找最近的数据。虽然近几年关于高科技教学方法效果的确凿研究数据少得惊人（可以查看框 8-3），但有大量实证发现，在唱唱跳跳的教育模式下（查看框 8-2），孩子们还是觉得无聊。2010 年的一项研究发现，44.3% 的学生称他们“部分或者强烈”地认同他们在数学课上常常感到无聊[7]。2011 年，“青少年变革”（Youth for Change）发现费城学生辍学的主要原因是无聊[8]。

框 **8-2** 打鼓跳舞

根据英国教育标准办公室(Ofsted)在 2010 年的报告，学校采用更为刺激的方式例如戏剧、角色扮演、音乐和舞蹈来吸引孩子的注意力。某个小学在上数学课时用击鼓来表示数字——学生们根据鼓点来背乘法表。另一个学校在科学课上用舞蹈动作来帮助孩子理解化学键[9]。

框 **8－3** 为什么对教育无聊的研究这么少？

2010 年，《英国教育心理学》[10] 杂志上发表了一篇由德国和瑞士研究者普瑞克（Preckel）、格茨（Gotz）以及弗伦策尔（Frenzel）共同撰写的文章，文中称对教育无聊的研究非常匮乏。其中的原因是，无聊不像愤怒或焦虑一样是“响亮”的情绪，而是被当成“温和”的情绪。教育无聊仅仅被当成是一种不愉悦的事情，而不是消极的事情，虽然有很多证据证实了其消极影响。事实上，无聊应该像其他学业情绪一样作为研究焦点，例如能直接影响学业成绩的焦虑[11]。

我们只需要看一眼推特就知道孩子在学校有多么无聊。最无聊的时间段是上午 10 点到 11 点。在美国西部，当学校的钟声响起时，推特量开始激增。在我写书的这一刻，推特上有 13 个话题和无聊相关：

@上学好无聊（@Boredatschool、@BoredAtSchool、@BoredAtSchool）

@上学好无聊 2（@BoredAtSchool2）

@无聊_上学的时候（@BoredAt_School）

@学校好无聊（@bored_school）

@上学太无聊（@Soboredatschool）

@上学无聊先生（@MrBoredAtSchool）（这是个老师吗?）

框 **8-4** 无聊的推特

2014 年 11 月 20 日　#上学好无聊#我需要有人带我离开学校！坐在老师背后打字。

11 月 19 日　上学太无聊了#上学好无聊#

11 月 19 日　学校太无聊了#上学好无聊#

11 月 17 日　自习室无聊透了！来个人陪我玩#玩#上学好无聊#

2013 年 9 月 19 日　上课半天，我的手机电量只剩 10% 了……这只是上学日的其中一天啊……#上学好无聊#

2013 年 4 月 23 日　亲爱的数学课，请离我远远远远远远一点……#上学好无聊#

2012 年 1 月 17 日　我现在只想去教堂打篮球#上学好无聊#

4 月 11 日　今天的日期（4/11/14）往前数和往后数的数字都是一样的。天哪！我太无聊了！我需要真正的生活！#上课好无聊#

4 月 10 日　我看了下钟，又往后看了下，我发誓时间在倒流！#上课好无聊#

3 月 23 日　如果这些课能对我的未来有帮助，那我就不会这么讨厌学校了#上课好无聊# 没有意义#

为什么学生在学校里这么无聊？与过去的“填鸭式”教育方法相比，21 世纪的教育者们积极地提高课程刺激度，希望学生们全情投入。在这样的背景下，无聊在学校里的流行显得很让人困惑。学校曾经是一个只需要坐着倾听和死记硬背知识的地方。

互动式“无聊”白板

现在，互动电子白板一代（后续会更多探讨）可以接触到一系列为了鼓励积极参与和投入学习而精心设计的教学方法。到底是哪里出了问题呢？

这个问题和我贯穿全书的主题一致：刺激越多，我们越渴望刺激。学校正在变成不单纯是用于学习，而是充满过度刺激的地方。老师们在教材中竞相采用“引人入胜”的教学方法（例如前文所说的打鼓和舞蹈）。教学新技术提供了学生所期待的视觉、听觉和其他感觉上的多重刺激。现在的学校比起“填鸭式”教育时期肯定是有趣了许多，但是我们不得不注意到有关无聊学生的数据。

我们来看一下一个 4 岁（通常在英国是开始正式教育的年龄）的孩子在学校的一天中会遇到哪些事情。这是我儿子在 4 岁“初级班”时所经历的：

- 互动式电子白板的基础学习
- 特殊组件
- 常规的学校郊游
- 常规的装扮日（装扮成维多利亚女王、某个书里的角色，或者一战时的某个人物，等等）
- 计算机基础课程
- 在 iPad 上进行的学习
- 外来嘉宾的主题演讲

- 合唱和演出排练，作品展示
- 烘焙和厨艺课程
- 艺术基础课程
- 餐厅风格的午餐，他们可以有多种食物选择
- 教室经常更换视觉陈列效果
- 运动日
- 亲子午餐（家长可以和孩子共进午餐）
- 猜字游戏
- 步行捐款
- 参观博物馆

孩子在学校需要经历很多事情，他们需要认识很多人，包括同学、老师以及工作人员。即便是只有一个感觉通道上受刺激，刺激太多也会让孩子觉得超负荷，更不用说所有感觉通道上的全方位刺激了。2014 年，卡耐基梅隆大学的研究人员进行了一项有趣的研究。他们给幼儿园两个班级的孩子上系列科学课程，给其中一个班级用大量五彩的图片进行教学，而在另一个班级只是平铺直叙地讲课。他们发现图片教学班的孩子们会更容易因过多视觉刺激的环境而分心，开小差的时间更长[12]。太多的刺激导致人难以对一个任务集中注意力，这听起来有点像无聊的症状。2012 年《教育周刊》上的一篇文章也认同了这个观点——在吵吵闹闹的班级里面，太多的听觉刺激会“抓走”孩子的注意力，导致他们感到无聊[13]。

框 **8－5**　互动式电子白板

幼儿园到高中学校的教室里面，老式的黑板或者白板不复存在，取而代之的是互动式电子白板（IWB）。互动式白板是一块巨大的多媒体交互白板，与电脑相连接。投影仪把电脑屏幕投射到白板上，使用者可以用笔、手指、触控笔或其他设备来控制电脑。有很多公司现在专注于生产与互动白板配套的教学器材。IWB 综合扮演着投影仪、电视、DVD、电子相册、电脑等角色。

制造商们同样提供教室应答系统作为电子白板的配套设备。例如红外线或无线电手持点击器可以帮助做选择题或者投票。还有些更精密的点击设备提供文本或数字反馈，能够分析学生的跟踪表现。从老式的静态黑板到现在通过点击就能呈现的电影、动画、图片、互动测验和声音等，经历了漫长的演变过程，也因为新设备可以通过频繁地更替刺激物来抓住学生的注意力，所以，教学速度也更快了。

在 2004 年，英国 26% 的小学安装了互动式白板[14]，到 2011 年，80%的学校至少有一台互动式白板设备[15]，而现在，几乎所有学校都安装了这种设备。

当然，我们需要教室成为一个能吸引人注意力的地方，并不是在提倡回到维多利亚时代的教室。现在的孩子已经习惯了家里的平板电脑、Xbox 和电脑，他们会觉得课本产生的低强度刺激太单调了。IWB 提供了一种“有声有色”的环境，包含声音、明亮的视觉效果、移动的图片和互动——与以往单调的黑板完全不同。多伦多大学的迈克尔·富兰（Michael Fullan）教授向美国、加拿大和英国的教学专家们指出“现在的孩子注意力时长仅有三秒钟”[16]，所以很容易对不常变化的事物感到厌倦。但是我们对“投入”的需求是要付出代价的——我们需要提供更刺激的环境来维持孩子的注意力，同时也增加了无聊的易感性。一位老师在 BBC 报道中如此评论学校采用高科技教学技术：“孩子的世界已经这么电子化了，学校应该是一个远离电子设备的相对安静的地方。”[17]约翰·伊士曼（John D. Eastman）是研究“无聊”的专家，也是多伦多约克大学的心理学教授，他把这个问题阐释得很清楚：“如果一个人感到无聊了，你能做的最坏的事情是用更加刺激的东西来应对这种情况。”[3]

框 8-6　越来越生动的书本

许多学校的传统书本已经无法吸引如今追求感觉刺激的孩子了，于是学校采用电子阅读计划。在我儿子 6 岁时，他的学校就实验了这样一个计划（通过平板电脑或电脑），他们给孩子一个专属密码来登录在线电子书。虚拟书架上罗列着各种各样的书，孩子可以任意挑选想看的书以及决定看书时间。他们用箭头来翻页，还能查看并回答绿色星号所代表的某个章节的问题。阅读可以收集点数；孩子可以在任何时候登录电子书。老师可以监控阅读进度。

相对于那些并不生动的传统书籍（没有按钮、动画、声音）来说，我的儿子当然更喜欢这个电子阅读计划。而我却担心电子阅读会影响他的无聊阈限和他对低速刺激集中注意力的能力。他原本很喜欢传统书籍，我也并没有觉得他需要这样的电子阅读来提高投入度。很幸运，很多其他家长跟我的想法一致。于是，没能让我儿子如愿，学校又回到了原始的书本阅读模式。

学校创造的"无聊感循环"

孩子觉得上学无聊的其他原因包括：

1. 混合能力班

如今混合能力班的趋势也可能导致学生无聊。根据 2012 年《每日邮报》的报道，英国在过去的几十年中，按能力分班已经越来越少见了，到 2010 年 11 月为止，约 55% 的班级是混合能力班[18]。而在 20 世纪 50 年代，英国几乎所有的班级都是按能力分班[19]。这种趋势的起源是因为发现能力水平较低的小学生如果遇到了对他们期望值低的年轻老师，就可能陷入"劣势循环"中[20]。然而，除非在教学工作中格外注意、区别对待，否则混合能力班会让聪明学生因为学习内容过于简单而感到枯燥，而不太聪明的学生则会因为内容过难而厌学。

2012 年的《教育周报》刊登了一篇文章——《美国教育部门的时事通讯》[13]，文中指出，当学生们面对那些较难的任务时，他们需要运用较多的工作记忆，这让他们觉得这个任务更"无聊"，而不是更难（可能是自我保护机制让他们不会觉得是自己的能力不足）。2003 年一项针对资优生的项目发现，混合能力班给学生带来了他们并不需要的无聊感[21]。资优学生不仅因为抄写、背诵和复习（可能所有学生都对此感到无聊）而感到无聊，更因为等那些能力较弱的学生重复他们已经掌握的内容而感到无聊。另一个研究者称，学生在混合能力班上感到无聊，还因为老师需要关注那些能力较差的学生，为了让他们赶上进度而不断重复同一个话题[22]。教学内容难度太低或太高都是在混合能力班学生感到无聊的原因[10]。

按能力分班可能是解决上述问题的方法。一个最近的研究表明，分班之后，资优生的无聊水平降低了[10]。有趣的是，芬兰在法律上禁止学校根据学生的能力分班，而他们的学生无聊水平更高（表8-1）：英国是54%，芬兰是60%。这有没有可能与混合能力班的增加有关呢？

2. 教师质量

大部分教师都专业、敬业，工作有激情，但并不是每一个教师都是这样。优秀的教师会使用“探索的、以研究为基础的、亲身实践的教学方法”[21]，并做到有教无类、谨慎对待。他们用科学技术来辅助强化课程内容，而不是将其作为课程内容本身。但是，还是有一些教师讲课平淡无奇。

英国教育标准办公室（Ofsted）在2009年通过启动一项制裁强调了这一点[23]。有些老师由于职业倦怠而讲课无趣[10]，他们因为情绪低落而无法全心投入在学生和课程上。根据2013年莫纳什大学的一项研究，在612名澳大利亚教师中，超过1/4的教师由于缺乏行政支持而感到“情绪衰竭”，制度的繁杂程度和情绪上的负担都超出了他们的预期[24]。如果青年教师都会体验到职业倦怠，那年长教师就更是如此了，所以“无聊”的教学也许也是可以理解的。

3. 缺乏意义

在第一章中提到，缺乏意义感可能是造成无聊的原因之一。部分教育者认为，在学生的眼中，学校教育是缺乏意义感的。学生常常认为所学内容并没有什么用，和他们的生活也没什么关系——除了用于应付考试以外[7]。这个问题一定程度上是由如今考试成风造成的。2011 年，美国时任总统奥巴马称“太多的考试让孩子感到教育很无聊”[25]。频繁的考试和死记硬背的学习模式导致了重复和单调——学生也没有学到有趣且有用的实质性内容。研究者们发现，有意义的学习材料可以降低学生的无聊感，而没有意义的学习材料甚至比重复单调的身体动作更让学生感到无聊[7]。事实上，2009 年，英国教育标准办公室（Ofsted）提出，过分关注应试内容是教学方式“单调”而“枯燥”的原因[23]。

除了无休止的考试以外，课程主题和内容缺乏实用性也造成了意义感的缺失。芬兰（也许可以解释为什么学生无聊水平如此之高）的学校非常认真地考虑了这个问题，于是从 2016 年起停止开设手写课，而开始教授打字课程[26]。手写的作用已经越来越小了，所以芬兰学生应该可以在打字课上找到更多的意义感（即使他们再也没法给送牛奶的人写字条了，不过很有可能以后再也不会有送牛奶的人了）。

罗杰·尚克（Roger C. Schank），西北大学计算机科学、心理学和教育学的名誉教授约翰·埃文斯，2012 年在《华盛顿邮报》[27]上写了一篇关于学校课程主题无用性的文章：从化学

（“完全浪费时间。你真的需要知道周期表上的每一个元素？盐的构成？怎么平衡一个化学公式？太荒谬了！”）到生物（“植物类群？无脊椎动物？解剖青蛙？不能更无聊了！”），到法语（“没有法国人说‘comment allez-vous?’他们都说‘ça va?’”）。他鼓励大家学习自己感兴趣并且认为重要的东西，这是一个比较极端的观点，但有一个人的观点更为极端——伊安·洽博（Ian Chubb）教授，澳大利亚的首席科学家。他认为学校教授的数学大部分和生活无关；这种无关性让学生们在课堂上昏昏欲睡[28]。

框 8-7　莎士比亚对现在的孩子来说太无聊了吗？

英国教师暨讲师会议协会秘书长玛丽·鲍斯特德（Mary Bousted）称，如果让孩子看完整场莎士比亚的戏剧，他们可能没办法坐住那么久，比较好的让他们接触戏剧的方式是只给他们欣赏其中的精彩片段，就像电影预告片一样。例如，布斯塔博士在2013年英国《泰晤士报教育副刊》上写了一篇文章，建议学习《麦克白》应该从第二幕国王邓肯被杀后开始，学习《罗密欧与朱丽叶》应该从第三幕之前蒂博尔特死后开始。她的这种想法受到了大量的批判，被认为是对“电脑游戏心态”的迎合，只关注有戏剧性的精彩部分，而忽视了那些情节发展较缓慢的部分，而正是这些部分在传统主义者眼里是至关重要的[29]。

单向刺激：被束缚的学习动机

小学和初高中生感到上学无聊，可能是因为上学对他们来说是强制的而非自愿选择。然而那些自主选择课程并且为此付出高昂学费的大学生们同样也觉得上学无聊。2004 年刊登在《独立报》[30]上的一篇调查研究报道称，27% 的大学生会在上课期间睡觉，是因为无聊还是太累并不知晓；而 55% 的学生上课吃东西，63% 的学生发短信，72% 的学生和朋友聊天表明他们并没有完全投入到课程之中。

类似以上的发现促使我把研究拓展到大学中去。毕竟我是一个大学讲师，对如何让学生上课专注投入非常感兴趣。我和一名大四学生安德鲁·罗宾逊（Andrew Robinson）一起调查在上课期间觉得无聊的学生数量，以及他们会在无聊的时候做什么。最后的研究成果发表在 2009 年的《英国教育研究期刊》[31]上。研究发现，211 名学生中，有 59% 的学生对至少一半课程感到无聊，30% 的学生对几乎所有的课程都感到无聊。

我和安德鲁也对学生在无聊的时候做什么感兴趣。我们发现他们最常做的事情是做白日梦（75%），接着是涂鸦（66%）。这两种打发无聊的策略在之前都讨论过（第二章）。50% 的学生和他们的朋友聊天（比之前的研究发现略少一点），45% 的学生会发短信。我们同样也发现有 27% 的学生会尽早离开教室，例如在课间休息时离开——这在学校看来就是“旷课”。

我们同样探索了让课程无聊的原因。之前巴奇（Bartsch）和柯本（Cobern）[1]的研究发现，教学方法不够生动有趣会让学生感到无聊。这种教学方法具有减少了学生投入度、不够结构化、没有目的性并且缺乏互动学习等特点。法利斯（Fallis）和欧波图（Opotow）[22]对此的评价是“对于学生来说，无聊意味着和老师的关系是单向、自上而下、不投入的”。范德未特（Van der Velde）、菲（Feij）和塔里斯（Taris）[32]发现有结构性和目的性地安排上课时间可以降低无聊程度。学生们会觉得抄写板书（被动的学习）比积极学习策略枯燥得多。在社会性环境（例如在实验室或者团队合作中）下的合作学习更能让学生投入[33]——尤其是那些在《无聊倾向量表》（BPS）上得分较高的学生。廖述盛在2004年提出，一个初学者要完全理解一个新课题的复杂性必须得通过亲身实践（例如亲身试验或者独立的小组学习）。

于是，我们研究了不同教学方式与学生无聊程度之间的对应关系（表8－2）。

表8－2　不同教学方式的无聊程度

教学方式	平均数
实验室课程	3.33
电脑教学	3.17
网上课程讲义	3.14
抄写讲座的板书	3.13
用电子幻灯片而没有纸质材料	2.98
研习会	2.97
视频演讲	2.74
课外讨论小组	2.69
用电子幻灯片和纸质材料	2.6
讨论会	2.57
实践课程	2.41
小组讨论	1.94

（高分，例如接近5分＝高无聊水平）

令人感到意外的是，虽然实验室课程和电脑教学都是能让学生亲身实践的教学方式，且很多研究者认为它们最能吸引学生的注意力，但是它们居然位列最无聊教学方式的首位。而且，这个研究结果和英国高等教育中心的教育材料中心所表达的观点一致——“学生觉得实验室课程又枯燥又乏味，并不会认真对待”。[34]其中的一个原因是，很多实验室课程都是“被约束的练习”——实验课程的目的是让学生区别一些已知知识。学生们觉得这种“看书做饭”一样的课程“枯燥乏味”，因为实验结果早就能预见到了，这并不能加深学习效果。好的实验设计（实验结果提前不可知）应该是有刺激性的，能加深学习，但这得消耗很多的时间和资源。

电脑教学同时具有刺激和枯燥的可能性，而我们的研究发现它落入到了后者中。这可能与使用电脑的方式（例如，电脑操作任务和学习内容相关吗？有趣吗?）、资源配置情况（例如是不是每个学生都有一台电脑）、辅助支持情况（有没有足够的教学人员帮助学生）等因素有关。操作电脑本身不足以消除无聊，就像一位研究者[24]说的那样——“仅仅有这些方式是不够的。”

网上课程讲义和抄写讲座板书位列“无聊榜单”的第三和第四，这并没有令人意外。这些教学方式是最不容易吸引学生注意力的，因为他们只需要把材料复制下来，并不需要进行积极的信息加工或学习。因此就让学生感到无聊了。

电子幻灯片的使用也居于“无聊榜单”之上。在过去的15年间，这种方式被用来代替传统的幻灯片，大多数学校都安装了相应的设备。很多研究者坚持认为这种方式受到了学生的欢迎[35]，但是有证据显示，这种方式并不能显著提高学生的成绩。例如有一个研究发现，传统幻灯片被替换成电子幻灯片之后，学生的成绩下降了[36]。

当然，很多时候还是要看多媒体的复杂程度：有的只有简单的文本，有的是刺激性更强的带有声效的动画。但是，为了驱赶无聊，学生必须投入到学习中。凯尼伍斯基（Kanevsky）、基思利（Keighley）和卢波（Roeper）的研究指出“学习是无聊的对立面，学习也是无聊的解药”[37]。在 2003 年《卫报》[38]上发表的一篇文章中，成人学生汤姆伍德认为，虽然将电子幻灯片在高等教育中大范围使用是为了加强学习效果，但通常会造成相反的效果，包括“无聊、失望和走神”。他发现的问题是，电子幻灯片营造了一种老师与学生没有眼神接触或交互作用的教学环境——老师只是对着屏幕说话，朗读上面的材料。这种讲课方式就在学生和老师之间制造了障碍，也造成了学习环境“如此俗套，如此枯燥，如此乏味”。伍德强烈批判了“磁盘经销商”，是他们让学生戴上了那张“死气沉沉的消极无聊”的面具。事实上，我们的研究结果和伍德是一致的：使用电子幻灯片能够很显著地引发无聊。我们发现讨论会、实践课程和小组讨论是无聊水平最低的方式，这些方式都包括了人际互动和积极学习。

高等教育所面临的部分问题在于“讲课”的传统理念，即讲课是对学生的说教，学生只需要被动接受。事实上，大学讲师们需要接受讲课训练也还是一个较新的理念。《卫报》的教育版面曾有文章提出："如果你想在学校教书，你需要长时间的密集的培训；不过如果你想在大学教书，你只需要一个博士学位和发表几篇像样的文章。"[39]如今大部分的大学为教职人员提供讲课培训和多样的教学方法（常用"课程"而不是"讲座"），教职人员还是会被称呼为"讲师"，所以对授课的"正式会谈"（《钱伯斯词典》中如此定义）的传统理念是很难改变的。

另一个很难改变的事实是，学生仅仅把老师的授课内容当成通过考试或做作业的必需品。也就是说，学生们并不会在拉姆斯登[40]所谓的"深度学习"上付出努力，例如他们并不会因为想要理解其中的内容而学习，而是只满足于浮于表面的"浅层学习"，缺乏理解的动机。即使强化了教学策略，学生们仍旧忽视深度学习，因为他们的注意力都在通过考试上。也就是说，即使把深度学习作为课程目标和成果列入教学规范里，学生们仍旧会想办法找到那些对应试有用的内容或规则，而不去深度理解学习的内容。浅层学习者们会去找到他们认为有用的应试内容，而不会去理解材料的深度含义。

我和我们学校的同事们经常会遇到"考试不涉及就没有用"的学习态度。通常我不会把考试内容直接放到课堂上，而是重新设计教学材料让学生去深度钻研，但学生们经常就不来上课了。在那些讲授非考试直接相关内容的课程上，学生到场率在20%以下的情况是非常常见的。

框 **8 - 8**　逃课和低分：课堂无聊的结果

课程或讲座的无聊受到了深切的关注。这和成绩降低[15]，和厌学[41]联系在了一起。例如自评“经常感到无聊”的学生通常考试成绩也不如那些自评“偶尔无聊”的学生好[42]。另有研究发现了无聊易感性和学习成绩的负相关关系。自评“经常无聊”的学生比自评“有时无聊”的学生学习成绩明显更差。

学生无聊也被看作是逃课的一个因素[43]。例如，时常不在校（翘课、装病）甚至辍学的一个高频的已知原因就是无聊[44]。我对大学生的研究发现，越是认为课程无聊的学生，翘课的时间就越多[31]。理所当然的，经常上课和从不翘课的学生成绩更好[45]。我的研究也发现，上课时间越少，学业成绩越差[21]。法利斯(Fallis)和欧波图(Opotow)在 2003 年针对高中生的研究中指出，“逃课是一个滑坡效应。一旦开始，对学业成绩的负面影响就很难恢复了”[21]。

然而，学生无聊的影响不仅体现在学业成绩上，它还能对学生的健康造成危害。无聊的学生更有可能吸烟、喝酒、抑郁、吸毒和赌博[10]。

课堂革命：老师不再是圣人

为了抵抗学生的无聊，我们需要对教学理念进行一场革命。我们虽然需要停止过度刺激孩子，却无法（也不应该）回到填鸭式教育的时代。我们应该去寻找新的解决方案，而不是依赖于迈克尔·富兰（Michael Fullan）教授和他的同事玛利亚·兰沃尔西（Maria Langworthy）所说的“预先包装的、没有个性的学习体验”[16]。他们推荐了新的学习方式，例如学生们互相辅导（同伴教学法）或老师和学生一起创造适合自己的知识。这样老师们就变成了学习过程中的伙伴，鼓励学生为自己的学习旅程负责。这也能够解决目前学生遇到的经常缺席和缺乏自控力的问题，研究者们认为这些问题会导致学生无聊[11]。

其他研究者们强调要提升学生的学习意义感，确保能力和难度相匹配。因为这是较难做到的，所以要开发学生们调整学习目标和学习进度的能力，来让他们做好把控[46]。控制好自己的学习体验对于学生们的学习和发展是非常重要的。

高等教育的传统“授课”理念已经渐渐过时了。“老师就是圣人”的说法被认为是无趣且无效的。传统授课式教育的学生比互动式授课的学生挂科的概率高出 1.5 倍[47]。自中世纪以来未曾改变过的传统式授课方式过时的原因，一定程度上是由于现在的学生大脑已经在电子媒体、移动电子设备和游戏的作用下“重组”[48]。学生们已经习惯了按自己的节奏来接收信息，什么时候开始、停止、倒回或重放都由自己决定。在被动接受信息的课堂上直直地坐两个多小时已经无法与他们的思想产生共鸣。但是，在尝试用“积极”方式的时候，例如实验室和电脑课程，也要小心。其他的技术，例如手持式点击器、在线互动课程、广播和同伴指导等，也可以帮助把被动式学习变成主动式学习。

当然，学生们对投入度的迫切需求也是由这个过度刺激的社会造成的。我们如果不从孩子出生就给予这么多的刺激，就不需要陷入这种尴尬的境地——努力寻找更刺激的方式来让学生集中注意力并感到愉悦。作为一名大学讲师，我需要努力地讲好笑的事情，播放搞笑视频，做脱口秀一样的互动，我甚至更愿意称自己为“讲师表演者”——在讲台上表演而不是做演讲。除非我们切断对新异刺激和感觉刺激的期待，否则我担心对娱乐的需求会超过教育。有没有可能在一段时间以后，教师和“讲师表演者”们需要把吞火和杂耍作为课堂内容的一部分呢？

第九章　工作陷阱：为什么工作越来越乏味？

调查研究公司盖洛普在2011年的一项研究中发现[1]，71%的美国工作者们或是工作不够投入，或是根本无心工作；受过高等教育的中年工作者们的工作投入度和工作热情最低。

本章将会讨论，随着许多工作会议、书面工作、程序化工作、信息过载和官僚作风的快速增长，工作无聊的体验也急剧增加——远超过那些传统意义上很无聊的机械性工作。科技发展意味着我们不再需要做“浅层”的工作，而是通过无数次敲击键盘来达到工作目标。世界上那些最无聊的工作也会在这一章呈现（没错，会计工作是其中之一）。

我从1999年开始研究无聊，当时我在英国索尔福德大学着手我的博士研究课题——办公室的情绪体验。那时候，情商还没有变成一个日常讨论的概念，人们也不认为情绪对工作有什么作用。我的研究最终汇集成了一本书——*Hiding What We Feel, Faking What We Don't*（隐藏我的感受，伪装我的情绪）（Crimson 出版社出版），主要讲工作场所的情绪管理以及“情绪劳动”的概念，或者叫因工作需要而为控制情绪付出的努力。书中探索的其中一个问题是，对于普通办公室职员来说，哪些情绪是被压抑的，哪些情绪是可以表达的（通常是经过了伪装）。

令我惊讶的是，在对 300 名英国办公室职员进行调研之后，我发现在工作场所经常被压抑的情绪中，无聊排在第二位（如果你想知道最多的是什么，你需要去读我的书）。就是这一个发现开启了我全方位研究无聊的新思路。

工作无聊没有得到充分研究，原因可能和教育无聊一样，无聊是一种“安静”的情绪，被（错误地）认为是良性的。早期对工作无聊的研究关注的是无聊的起因——低强度的外部刺激，例如工作本身单调、重复[2]——这导致了对蓝领工作的过度研究，这类工作需要警戒性（需要对不变的低刺激强度的事物保持注意力）和重复性。因此，工作无聊的研究对象是相对狭窄的，例如机械装配、警戒任务和持续性的手动操作。学术研究多数针对重型卡车司机[3]、操作工[4]、公务员[5]、机械汽车工人[6]、文职人员[7]、长途卡车司机[8]和冲压操作工[9]。其他一些需要同等注意力，但能提供刺激性反馈或有挑战的工作就较少作为无聊的研究对象。

框 9-1　工作无聊的数据

1998 年的一项调查发现，45%的招聘专家称公司优秀职员的流失原因是他们觉得工作很无聊[10]。

2004 年的一项研究发现，1/3 的英国人称自己在工作日的大部分时间都感到无聊[11]。

在金融服务行业，一半人有时或经常感到工作无聊[11]。

2005 年《华盛顿邮报》的一篇报道称，55%的美国在职人员觉得自己“没有投入”在工作中[12]。

2004 年，教师培训司的研究发现，28%的应届毕业生觉得工作很无聊[13]。

后期的研究不再像之前的那样，仅关注重复性较高的工作。白领工作无聊的原因被认为是“管理问题”或者“职业倦怠”。我们现在都知道“在很多工作场合，无论职位高低，无聊都会存在”[14]。正因为此，我在 1999 年发现无聊在一般的工作场所非常普遍，所以我的研究对象不再局限于传统的重复性工作。在过去的 7 年中，我研究过教师、超市工作人员、律师、银行工作人员和白领——没有一项工作是被传统无聊研究者所认为的那样需要高警惕性。我调查了 310 名工作者（大概有一半是男性），其中 21% 的人称经常在工作中感到无聊（数据还没有公布）。

员工的倦怠真的会成为老板的灾难吗？

工作无聊之所以重要是因为无聊的员工往往容易倦怠。无聊和一系列消极的工作产出联系在一起，例如愤怒[15]、事故[4][3]、旷工[16][17]、失误[18][3][2]、压力、冒险行为[19][2][20][21]、嗜睡[22]、压力引起的身体问题（比如心脏病）[23]、工作满意度低[24]和物资损坏[3]。其中一些现象就是无聊体验：事故、失误和嗜睡等都是不能持续维持注意力造成的后果。另外一些现象是在努力应对无聊的时候产生的，这些应对策略可以被分成两类：一类是重新集中注意力，另一类是寻找额外刺激。

之前的研究已经证实员工的工作投入度和组织的整体绩效之间有着密切的联系[1]，很明显是一种长期影响。另外，员工对自己的工作和组织越少投入就越可能离职，这可能是因为常感到无聊的员工工作起来不开心。例如，希洛塔咨询公司（Sirota Consulting）的一项研究发现，来自全球61家组织的80万名员工中[25]，那些“工作量过少”的员工工作满意度仅为49分（满分100），那些“工作量过多”的员工工作满意度则达到了57分。

蒙特利尔大学和美国南佛罗里达大学进行了一项关注反生产工作行为（损害组织的行为）和无聊之间关系的研究，发现了6种可能导致反生产行为的无聊的形式：辱骂他人（通常是语言的），“生产偏差”（有目的性的工作失误），破坏行为，工作退缩（例如不认真完成工作），偷窃和恶作剧[26]。其中有一些是来自于工作太过乏味时的怨愤，而另一些是为了寻找额外刺激来填补空虚。

在对310名英国在职人员的研究中，我对工作无聊造成的后果进行了分析：

应对策略：我问参与者们：“你在工作中感到无聊的时候会做什么？”然后罗列了12种应对策略让他们选择。这些策略是从之前的一项预研究中总结出来的[27]。有一些项目是用来重新集中注意力的，例如短暂休息（休息之后能清醒地集中注意力）、列购物清单（通过写清单来减少思维扩散）、思考（如果和手头任务相关），以及喝点东西（咖啡等用来提高注意力的东西）。而其他的策略则更偏向于寻找刺激，例如涂鸦、做白日梦、数东西、玩字谜游戏、和同事聊天、听音乐、吃东西或在会议期间传字条。

这个问题的答案中最多的是“思考”，55%的参与者选择了这一项，其次是“喝东西”（50%）。其他较为普遍的选项是聊天（45%）、短暂休息（42%）和吃东西（40%）。

整体情况见图9.1，这和在第二章中提到的一项较小规模的研究结果一致。第二章有对应对策略的详细分析。

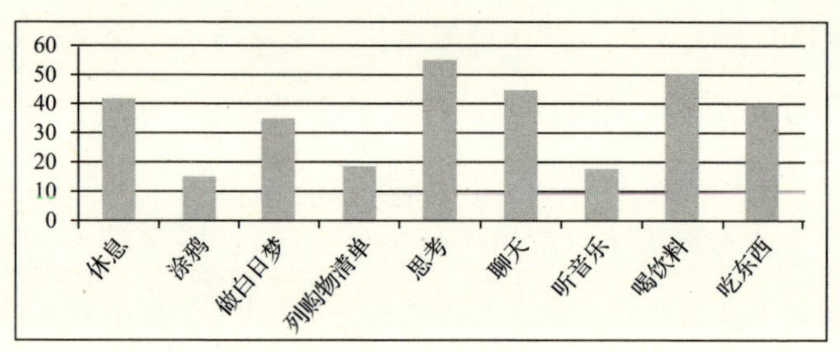

图9－1　工作无聊时选择各应对策略的人数比例

结果：工作无聊的长期效果或结果通过一个问题来测量：感到工作无聊的结果是什么？这需要回答较为综合和长期的结果，例如造成工作事故或工作失误，或者离职。总共列出了11项。

最普遍选择的长期结果是无聊让他们“失去专注力”（74%的人选择）和“造成错误”（66%）。这很明显是因为注意力问题是无聊体验中的一个重要组成部分，而我们会发现对枯燥的任务很难集中注意力，或者需要付出很多努力才能集中注意力。

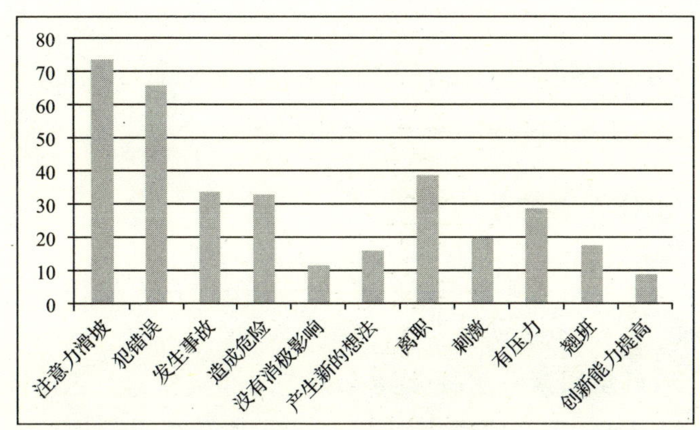

图 9-2　工作无聊的结果

39%的参与者认为工作无聊会让他们想要离职，大概有1/3的人认为这会让他们有压力，并且造成工作事故，工作无聊会引发“潜在的危险”。这与之前的很多研究结果一致。注意力下降或难以维持都会增加工作失误和工作意外的可能性[28]。世界范围内的大型灾难，或多或少都可以归咎于工作人员失误，例如1979年的美国三哩岛核泄漏事故、1983年印度博帕尔毒气泄漏事故和1986年切尔诺贝利核泄漏事件都存在着人为操作的失误。在进行单调工作任务操作时判断失误，酿成了悲剧[29]。

18%的参与者认为工作无聊会让他们想要休一天假。这种无聊和缺勤之间的关系最早是由史蒂文·卡斯（Steven Kass）和斯蒂芬·沃丹洛维奇（Stephen Vodanovich），以及他们的美国西佛罗里达州大学同事安妮·卡兰德（Anne Callender）于2001年发现的。他们研究了某个制造工厂的 292 名工人[30]，想探索是否工作满意度（已被研究发现与无聊相关）是这二者之间的关联因素。然而，有 12% 的参与者认为无聊没有消极影响；16% 的参与者认为无聊有助于他们想出新点子；9% 的人认为无聊让他们在工作中更有创造性（第十一章会讨论这个问题）。

1. 工作无聊的原因

主要有两种原因造成了工作无聊：与工作任务或工作环境相关的因素和与工作者本人相关的因素。

任务/环境因素： 这种分类与工作的性质相关。之前的研究发现，那些需要多种技能、有工作意义（例如对工作者有意义）、自主的（工作者觉得能控制工作任务的进度）和有反馈的（工作者知道自己做得好或者不好）工作被认为不容易让人感到乏味[31]。之前的一项研究发现，55% 与无聊相关的事故原因是负荷不足（例如工作量不饱和）[32]；2004 年英国教师培训司的一项研究发现，28% 的员工觉得工作很枯燥，而给出的原因最多的是：缺乏挑战性，不能使用到技能/知识，工作太常规[13]。

我的研究发现，最容易造成工作无聊的是重复性工作（62%）和循规蹈矩（53%），这也和之前的研究结果一致，重复性工作是造成工作无聊的主要因素。这也解释了为什么早期的研究都集中在那些重复性较高的工作上，例如机械性的装配工作、检查、监控和持续性的手工操作[2]。

在我的研究中，1/3 的参与者称工作量不饱和造成了无聊（比之前的研究人数比例小），超过 1/4 的认为（a）有趣的工作内容较少，（b）工作要求不高，（c）不需要过多思考，（d）工作方式和工作内容不可控，这些是工作环境中可能引起无聊的原因（见表9.1）。这也与之前提到的研究结果一致。

表9-1　工作环境中造成无聊的因素

工作环境中造成无聊的因素	认同该项因素的职员比例
重复性	62
常规	53
工作量不足	33
有趣的工作不足	29
缺乏对工作的控制（例如时间和方式）	29
工作要求过低	27
不需要思考	26
自身技能水平过高	21
限制交谈	17
太多书面工作	16
其他人太无聊了	14
工作要求太高	9

其中的一些原因是由组织行为引起的，而非任务本身的性质。例如一些组织由于各种原因（通常是他们认为合适的行为）而颁布一些限制员工言行的条例，而这也改变了员工在工作时接受的刺激程度。通常说话能够帮助缓解单调工作中的无聊感，而管理者通常把说话作为反生产的行为，无论是出于维护企业形象的目的（店铺服务员站着聊天并不是一个好形象），还是为了防止生产效率降低（办公室员工八卦与他们的工作内容无关）。

有趣的是，更多的人在抱怨工作要求太低造成了单调乏味，而不是要求太高。之前的研究发现，低挑战性（包括难度不足和数量不足两种）任务和高挑战性（或者过高质量要求）任务都会让人感到没劲[33]，不过我的研究发现低挑战性是一个更大的问题，可能是因为许多员工都技能水平过高（21%的参与者这么认为）或者资历过高。后续会继续讨论这个问题。

14%的参与者认为是其他人造成了工作无聊。他人既可以帮助排解无聊，也能成为无聊的来源——如果他们是容易让人感到无聊的人。第十章会讨论是什么让一个人变得无趣。辛西娅·费雪（Cynthia Fisher），研究工作无聊的先驱，似乎在1987年就预言了这一点，她指出“无趣、不友好或者不会社交的合作者”是很多工作让人感到无聊的来源[32]。

“个人”因素：造成工作无聊的另一类原因是个人感到无聊。容易感到无聊是一种个人特质，它在每个人身上的表现都不同，这种特质被称为“无聊倾向”。在第五章中讨论过这个主题，但是在研究它与工作无聊的关系时发现，BPS高者的外在工作价值取向较高，而BPS低者的内在工作价值取向较高[33]，这就表示具有无聊倾向的个人更适合能提供外部、有形报偿的工作，因为内部感受不是他们工作的动机，例如那些与自我满足感相关的事情——把工作做好。其他研究发现了无聊倾向和工作满意度的直接关系，例如在一项1977年的研究中发现，餐厅工作人员和教师中那些无聊倾向明显的人，工作满意度较低[34]。其他与工作无聊相关的“个人”因素（心理学家称为“个体差异”）还包括性格以及对技能的熟练程度。

外向型性格：在有外在刺激，例如噪声或者音乐的时候，外向者比内向者在单调工作任务上完成得更好。就像第五章中讨论过的，这是因为外向者需要刺激来防止他们感受到无聊[33]。

行家：那些熟练掌握某项工作技能，不再需要主动思考的行家也有感到无聊的风险[33]。研究发现专家更容易感到无聊，会注意力滑坡和造成更多的事故——你可能期待着他们会更少犯错。

在我的研究中，也探索分析了工作环境中的哪些因素最能（数据上）造成工作无聊，以及这些因素是否比具有无聊倾向的个人特质更有影响力。我发现无聊倾向的作用是最大的，其次是工作的重复和常规。也就是说，无论一份工作多么枯燥乏味，无聊倾向是影响一个人感受到多少无聊的最重要的因素。

2. 无法逃脱的干扰

我最初的研究并没有探索无聊体验中的分心，但随着工作环境中的外部干扰越来越多，这也成为一个重要的研究要素。手机、邮件、短信和社交媒体都吸引着我们的注意力，与此同时，开放式办公室和在家办公（干扰物和在办公室一样多）愈加流行，当然，还有最传统的（也是高发的）来自客户或同事的面对面的打扰。这些干扰都把我们的注意力从手头处理的任务上抓走，于是我们努力地重新抓回注意力，这种努力造成了无聊的体验。

干扰分成三种：第一种是暂时的、偶发的、能够让员工继续工作的干扰（例如处理一个同事的请求）；第二种是持续的，即使在处理完之后，思绪仍旧为之牵扯的干扰（例如接了一个你儿子学校老师的电话，挂电话之后你还在担心）；第三种是不需要去刻意处理，但是能够吸引注意力的干扰（例如窗外建筑工地上的噪声）。第二种干扰被认为是最能引起无聊的，因为它同时包含了外部干扰和内部干扰。

内部干扰会引发与工作无关的思绪，它会引起神游、焦虑和所谓的“当前忧虑”[35]。当前忧虑可以与中午吃什么，或者下班后跟你年迈体弱的母亲做些什么有关，据估计大概有65%的神游都与当前忧虑有关[35]。那些被赋予高价值的（例如对我们很重要的事情）或者需要马上行动的当前忧虑最能干扰我们的思路，员工会因为当前忧虑导致的分心而给工作贴上“无聊”的标签。当然，反过来也是一样，那些已经觉得工作无聊的员工也更容易陷入当前忧虑之中[35]。他们甚至故意去找一些事情想想，作为逃脱无聊工作任务的喘息。

我们的思绪在不同主题之间切换迅速（大概平均是5～30秒[36]），在处理复杂和多变的工作时，这种切换较少发生。给工作任务赋予意义，例如给予金钱回报，也可以减少内部思绪的干扰[35]。这也说明，薪水越高，人们也越能够对无聊的任务维持注意力。当然，现实情况是，那些简单、重复的工作工资是最低的。

工作分心的发生同时决定于干扰物和工作类型。一个需要较少注意力的简单任务可能会因为聊天或白日梦之类的干扰物而让工作者觉得它没那么枯燥。辛西娅·费雪（Cynthia Fisher）的另一个研究发现，外部干扰（有人说话）可以在执行需要较少注意力的，简单、重复的手动装配任务时减少无聊的发生[35]（参见框 9-2）。而对于那些更为复杂的需要更多的注意力的任务来说，即使一点儿干扰都会让工作者觉得更乏味了。

框 9-2　干扰物如何帮助无聊的无人机驾驶员？

操作一台无人机是非常“枯燥乏味”的。经验丰富的战斗机驾驶员每天花 12 个小时用于观察和等待。就像现在很多的自动警戒任务，需要一个高级技术水平的人“高效地照顾机器”。问题在于，在如此漫长的无聊的空白时间里，如何让工作者们保持警戒。麻省理工学院的系统工程师密斯·卡明(Missy Cummings)说：“我们的世界越来越自动化，这产生了一个副作用，就是操作这些自动化设备的人越来越感到无聊。”她发现在有外部干扰，例如书本或者电脑游戏的时候，工作人员更容易保持警戒。她说，那些不允许有外部干扰介入的公司就是在坐以待毙。为工作人员提供外部干扰就可以防止他们被内部干扰吸引注意力[37]。

世界上最无聊的工作

有时候你可能会觉得自己做的工作是世界上最无趣的，但是为海伦·索思豪尔（Helen Southall）想想吧，她是英国林肯郡的一名“草籽分析员”。海伦的工作是观察草的生长，她大部分时间在田野和草坪上，一个人数着成千上万个草籽——然后手动测量每一棵草叶子的生长情况。她说她非常热爱这份工作，也并没有觉得厌倦[38]。

如果海伦觉得自己的工作太枯燥，她或许可以考虑跟托马斯·科温（Thomas Curwen）博士交换工作——他的工作是观察油漆变干。这位英国伯克夏郡的科学家为多乐士油漆工作。他的工作时间大部分用来观察油漆干燥过程中颜色的变化——通常通过显微镜（以及墙壁）。他也说自己很爱这份工作[39]。你相信吗？

所以，世界上没有绝对无聊的工作——甲之蜜糖，乙之砒霜。某个网络组织，通过较为客观的方式计算最无聊的工作大概是什么。Salary Explorer 是一家工资对比和职业资源网站[40]，收集了成千上万位工作者对工作无聊程度的评分。分数越低（例如靠近 1 分），则无聊程度越高。他们发现最无聊的工作（截至成书时间）是清洁和家政工作，最不无聊的工作是募捐和公益类工作。以下所列数据的实效是成书之时，后续肯定会随着参评人数的增加而改变。

工作	无聊评分（1～5，1 分最无聊）
清洁和家政	2.82
通信员/快递员/运输员/司机	2.86
客户服务和呼叫中心	2.87
银行职员	2.9
行政/前台/秘书	2.88
房地产	2.99

（续）

工作	无聊评分（1～5，1分最无聊）
财务	2.98
保险	3.05
制药和生物技术	3
执法机关/安全工作/消防	3.06
工厂和制造业	3.06
建造/装修	3.05
设备/维护/维修	3.1
机械	3.08
政府和国防部门	3.19
销售：零售和批发	3.12
法律	3.07
人力资源	3.15
信息技术	3.13
园艺/渔业/农业	3.22
健康医疗	3.21
建筑师	3.23
市场	3.24
食物/医院/旅游/餐饮	3.23
教育	3.27
广告/平面设计/事件管理	3.3
经营管理	3.32
公共关系	3.36
时尚和服装	3.36
咨询	3.43
幼儿护理	3.44
宠物护理	3.43
摄影师/媒体/广告/艺术/娱乐	3.56
文娱和体育	3.54
健身/美发/美容	3.51
募捐和公益	3.59

框 **9-3** “以无聊为荣”的会计公司

会计公司长期背负着无聊的名声，但有一些会计公司把这种名声加以利用。英国萨里的利斯戈尼尔森公司就把“以无聊为荣”作为标语，因为他们发现人们把“无聊”看作是对精准、承诺和细节的过度沉迷——这也正是利斯戈尼尔森公司乐意承认的公司品质。

他们并不是唯一一家把“无聊”作为优势的公司。美国萨克拉门托的 MGO 公司把自己的员工描述成“以成为无聊的会计师为荣”，全公司 230 个员工都是如此。

工作倦怠感正在肆意蔓延

2007 年，我为《心理学家》[41]杂志——英国心理学协会的期刊——写了一篇文章《无聊的兴起》。文中我提出，由于工作实践的改变，工作无聊在过去的几十年中得到了戏剧性的增长。如果不考虑个体无聊倾向的话，工作无聊是工作任务和工作环境造成的。例如那些多变的、高价值的（有意义的）工作，如果能由员工自己把控且能在完成之后给予工作表现的反馈，那就不会那么无聊。在工作环境中，无聊也可以被一些因素削弱，比如有趣的同事或能有效减少无聊的组织行为，管理不严的环境可以让员工感觉到能自由控制工作的进度以及适当休息。

没有数据的支撑便不能肯定地说工作无聊的确得到了激增。可以肯定的是，工作的本质已经发生了巨大的变化，有很多新的工作被认为能引发无聊。例如，工作环境越来越自动化，没有表情的机器成为工作环境中必不可少的部分。过去需要使用技术、决策能力和沟通能力的工作，现在只需要几个按钮就可以完成了。回到1969年，自动化还在初生阶段，研究者们探索了在镀锡薄钢板轧机中引入自动化流程后的效果。他们发现，手动操作的时候身体劳动会引起劳累，而自动化的时候无聊也会引起劳累[42]。我最近参观了一座英国知名的巧克力工厂，我们都被工厂里的多臂包装机器人震惊了，它能够完成20人的工作量。这个被自动化“入侵”的工厂中的唯一人类“幸存者”是一位中年绅士，他坐在电脑前，眼睛盯着机器人的监控屏幕，表情略显失落。我想他应该更乐意自己去搬运那些纸箱。

类似的，想象一下那些飞行员们，他们曾经坐在飞机里接受着严酷的训练，现如今却被无人机替代了。2014年，《人性的因素》期刊上刊登的一篇文章指出，虽然驾驶座上的自动化设备可以让驾驶员不再为单调的警惕性飞行任务费心（例如观察情况和监控设备），进而可以关注到全局，但这却让他们更容易感到乏味和挫败[43]。问题在于，他们的大脑会在这一过程中“偏航”，因为他们会为了寻找额外的刺激而思考与飞行无关的事情。甚至给儿童介绍仪表盘上的按钮也不能减少他们的无聊——这种活动在911事件之后就少见了。

框9-4　努力保持警惕的无聊驾驶员

2009年，一架飞机偏离目的地241公里，原因是两位驾驶员没有关注设备和空中交通指挥员（这让他们丢掉了执照）。问题在于，一旦一架飞机起飞了，除了盯着仪表盘（很少有变化）以外就没有什么可做了，这让驾驶员很容易分心。很多航线禁止飞行员在飞行时带上可能使其分心的东西，例如书本或者平板电脑，但这无法阻止他们在多个小时的飞行时间里找人聊天或者做白日梦。

美国国家运输安全委员会发现，科尔根航空公司的飞行员在飞机下降到3048米，靠近美国纽约水牛城时，还在和别人闲聊，结果飞机撞毁，两名飞行员和48名乘客全部丧生。2006年，美国肯塔基州莱克星顿机场上，南非航空公司的一家飞机在错误的跑道上起飞后坠毁，驾驶舱的对话记录显示，两名飞行员从起飞直到坠毁期间一直在聊天[44]。

对于现代的工作来说，成堆的书面工作再普通不过，这为无聊的暴增提供了成熟的条件。根据英国商会披露，英国政府从1997年到2004年期间引进了900条规范工作场所的新规定（英国商会，2004年[45]）。在网上输入“书面工作增加”进行搜索就可以发现，全球不同的专业团体都在表达一种担忧，书面工作剧增会给职业生涯带来怎样的负面影响——例如北爱尔兰的农民联盟谈到“书面工作多到眼花缭乱”[46]，英国的家庭医生感叹“剧增的书面工作”“占据了病人太多的时间”[47]，英国保障性住房供应商称，太多的书面工作正在大量消耗资源[48]，英国的护士说他们需要花17%的时间做书面工作，就像“掉进了书面工作的大海里”[49]。

框 9-5 教学和填表

教师职业可谓是一个很好的例子：太多无趣的书面和表单工作占据了教学的时间。一位英国的见习老师放弃了自己的专业，因为他“快要被书面工作逼死了”，他在《卫报》上写道，如果要追求他的教师梦想，他就得变成一个“无聊的官僚”[50]。他并不是特殊的个例，研究发现，40%的新教师会在三年以后放弃教师职业[51]。我在研究教师无聊的过程中发现，50%的老师称，过多的书面工作是他们感到倦怠的主要原因[27]。英国教师在踏进教室上课之前需要完成的书面工作有 APPs(学生评估进程)、周计划或者日计划、个人档案、行政环境评估和报告书写。这种情况不仅限于教师，《华盛顿邮报》的一位专栏作家称，与日俱增的书面工作和美国学校里“狂热地追求学生数据，越来越多讨论学生数据的会议和更高水平的数据监控”有关[52]。对数据（以及相关书面工作）狂热的原因在于，在过去几十年间的国家学校改革运动中，改革强调了用标准化测试衡量学生成绩的重要性。2012 年巴拿马的《先驱报》[53]有一篇文章罗列了现在老师需要完成的书面工作，他们需要满足如下的要求：

- 联邦政府，包括《不让一个孩子掉队》法案、《残疾人教育法》、1973 年《残障就业辅导法案》的 504 条款，以及其他相关要求。
- 州教育厅（FDOE），包括和《佛罗里达综合评估测试》（FCAT）测试项目要求相关的条款：记录和汇报准确的学生出勤情况、维护学生个人的“特殊教育”相关记录和学生

《个性化教育计划》（IEPs）。

- 当地教育委员会，包括 CPD（持续职业发展）的要求：每周课程计划、给每个分配的学生写发展文档、在电脑上提交每日出勤情况、每周准备每个学生的发展报告、每学期准备每个学生的报告卡和维护“家长门户”—— 一个能让家长更新学生情况的电子系统。

经常性地开会也造成了某位作者所说的“开会致死”[54]。28%的工作者报告，他们每周需要花费1/3的时间参加正式或者非正式的会议（2000年12月，办公场所指数调查[55]）。预计在英国由开会造成的生产力损失达到了80亿英镑，计算的依据是，如果年薪3万英镑的经理需要每周在会议上花1小时开小差，那么整个英国产业一年就会损失78亿英镑[56]（如果把交通费、食物和饮料、住房费用算进去的话会更高）。问题在于会议越来越多了：由于很多工作都需要团队完成，所以就需要开越来越多的会。会议也让个人的工作变得更加引人注目——如果我们要参加一个有会议记录的会，我们就得向其他人保证工作会非常努力（而不是安静低调地继续手头的工作）。在这个工作没有保障的时代，我们会抓住所有能引人注目的机会。

框 **9-6** 无聊的国会议员开会时玩“糖果传奇”游戏被抓

2014年12月，安伯谷的保守党议员奈杰尔 · 米尔斯(Nigel Mills)在一场国会听证会上用iPad玩了两个多小时游戏。他的行为受到了强烈谴责，他也进行了多次道歉。保守党议员爱德华 · 雷

(Edward Leigh)解释说，他的同仁打游戏是为了在漫长的会议中打消无聊，他在 BBC 的报道中说：“我做了政府账目委员会主席 9 年，也才刚刚知道怎样才能在会议期间不睡着或不玩游戏，但是，我的天哪！ 开会真的很没意思！”[57]

如果这些会议不是这么冗长，那么再多的会议也不会带来太多的工作无聊。开会让人感到无趣，一部分原因在于人们对电子幻灯片的过分依赖：没有幻灯片展示的会议就不是正式的会议。这种对视觉刺激的过分追求就造成了如第八章所提到的——缺乏目光交流，容易分心和幻灯片内容过多等后果。

新的工作体系（例如呼叫中心）严重限制了员工的自主性和控制感，继而让他们感到乏味。根据呼叫中心行业分析公司 ContactBabel 的数据，2013 年英国有 5675 个呼叫中心，聘用了全国 4% 的劳动力[58]，而在 2002 年，被呼叫中心聘用的劳动力仅占 2. 3%[59]。呼叫中心的增加导致了无聊的增加。根据 CallCenterOps. Com[60]的调查，无聊是呼叫中心工作人员流动的主要原因，无聊的助推因素包括：工作重复性、上级过度管理、职业发展空间有限和工作内容固化。根据呼叫中心学院和朗讯科技公司[61]的一项研究发现，呼叫中心离职人员中，有 28% 的人把无聊作为主要离职原因。在从业者自评的工作无聊榜单上，呼叫中心也位列最无聊的工作之一。

每天 24 小时、每周 7 天的工作文化也导致了工作无聊的爆发，孤独的夜班工作者羡慕日班同事之间的友情和他们的社交生活。另外一个原因是工作能力不匹配：大学毕业生日益增多，很多人需要接受低于他们资质和能力水平的工作。工作中不能用到自己全部的认知能力造成了满足感的缺失，这种刺激不足的感觉就被当成是无聊了。这也能解释为什么有一半的应届毕业生会“经常觉得工作很没劲”[62]。

全球开始流行的“自我指导”或者自我实现也代表着我们在工作中需要更多的精神激发和自主权。我们期望工作不仅仅是收入的来源，更是刺激、有趣且有意义的。第四章探讨过这种观点。而这种期望在遇到残酷的行业压力时就受挫了，行业需要降低开支，需要员工更精准地工作。工作变得越来越高效、统一和可预测，这类程式化的工作被那些期待自我实现的员工所抵制。

幽默是工作无聊的解药吗？

能快速解决工作无聊问题的简单方案并不存在。工作的世界是不断变化的，时间也不能倒退到更刺激（也更危险）的原始时期。但是从心理学层面对无聊进行的探索应该得到重视。重视那些已知的造成无聊的原因，以及理解人们对于刺激的追求。无聊的解决方案应该是务实的，因为商业世界不可能为了对抗无聊而重组。我提出的建议如下：

- 研究者和从业者们应该考虑到自动化工作的影响。人类工程学专家们非常擅长把工作场所设计得适用于人体工学，有时他们会建议减少对自动化设备和电脑控制的依赖，以提高操作员的技术水平。也可以为一些其他工作设计可视化环境，让操作者在按下按钮的同时“看到”他们的操作带来的变化。

- 不要再让呼叫中心员工像机器人一样工作，员工可以不照稿工作，工作状态也可以适当放松。当然，这似乎很难因为员工无聊就得到改变。呼叫中心的劳动力都较为廉价，人员流动是呼叫中心的日常开支，所以要改变现状只能通过工会或者员工权益维护。
- 重新审视会议过多的情况。开会应该变得更加高效（例如有严格的流程，紧凑并简短），或者可以用其他形式代替，例如电子邮件讨论或者视频电话会议。应该改变一小时会议的文化——变成30分钟会议。
- 过度立法和官僚是很难改变的。试图把行政工作分给后勤人员的倡议（萨里郡警察局曾经尝试过[63]）、举行减少医生书面工作的公众意识宣传活动[64]、用新科技（例如PDA）代替原本学校的注册行政工作[65]都可以在某种程度上解决这个问题。应该进行更多关于如何应对书面工作的研究。例如，工作中加进去一些有趣的内容、把表单折分成小的单元、放一些背景音乐——公司应该鼓励尝试这些应对无聊的个人策略。
- 应该重新审视工作环境，允许轮岗，减少工作限制，让员工可以控制工作进度并适时休息。
- 有一部分研究者建议管理者“有质量”地改善员工的工作安排[26]——例如允许员工可以执行项目的不同阶段，

而不仅限于某一个。因为每天制造上百个车门比每天制造五辆车要无聊多了，看到一个完整的产品也能让人感到满足。看到一辆车也能带动员工的责任感（也更有意义感）。这个车的比喻可能比较粗糙，但是能够说明主要的理念。

- 需要重新审视组织控制和约束——例如限制聊天和休息等。这些条例的实施会减少那些能缓解员工疲劳的新鲜刺激和变化，还会带来逆反心理，员工会渴求那些被禁止的行为（例如聊天）[66]。这种渴求也会让他们分心，让他们无法把注意力集中在工作上，于是也就体验到了无聊的感觉。只允许员工在限定的时间内休息也会让员工额外关注休息（因为得不到而更加渴望），于是也就觉得工作更无聊了。额外的控制原本是为了确保员工能认真工作，却因为“过度合理化”而产生了反向效果。只有那些原本不够有趣的工作才需要额外的控制以确保员工认真工作，于是，在这样的管控下，员工更加觉得工作很无趣。
- 一个略带争议的建议是给枯燥的常规的工作挑选合适的人员。“无聊”的工作配“无聊”的人是一种方式，但筛选掉那些有无聊倾向的人却有可能是一个太敏感的话题。

框 **9－7**　工作无聊的积极意义

需要提到的一点是，单调的工作并不是只有消极作用。有些人觉得这样的工作并不需要太多的注意力，是一个做白日梦、冥想和思考的好机会。在我的研究中，有相当数量的人觉得这让他们变得更有创造力。2006 年，有研究者提出“不需要动脑子”的工作对认知资源的需求量较低，是增加创造力和提高问题解决能力的好机会[28]。他们建议把有挑战性的和简单的任务混合起来，以达到理想的工作绩效（第十一章会有更多讨论）。

亨利·福特（Henry Ford）是大量工作实践的开创者，他有一句名言“工作的时候应该认真工作，玩的时候应该尽情玩，没有必要把二者混合起来”[67]。他曾经开除了一名员工，因为这名员工在工厂笑——之前已经因为“和其他员工大笑”而违反规定。

现在的情况没有那么严峻了，但是幽默和工作依然被广泛认为是不应该并存的——也许不再像过去那般严厉。工作的时候玩乐似乎与工资交换理念（干一天的活，拿一天的钱——不要把与工作无关的玩乐和工作混在一起）是相悖的。事实上，工作时候的玩乐会抹掉工作和休闲之间的边界，员工不会介意工作时间里嫁接休闲时间，但如果相反就会介意了。我在做之前提到的那个研究时就很明显地发现了这一点。在努力说服公司允许我调查他们员工的工作无聊体验时，我碰壁了。公司领导不仅坚信他的员工从不感到无聊，而且并不赞成他们利用上班的时间来实施那些能减少乏味的策略。其中有一个领导发邮件给我说：“在现在的经济背景下，员工在完成工作任务时要尽可能地积极主动。因此，有一些问题是不应该发生的。如果我的员工在上班的时候做了以下任何一件事情，我会感到很担忧。希望每一个员工都不会做这些事情。”这些事情包括：

- 休息
- 猜字谜
- 涂鸦
- 和同事说话
- 做白日梦
- 放背景音乐
- 喝东西（例如咖啡）
- 思考

以上大部分的行为都是用来增加刺激的，可以帮助减少工作无聊，但是对于雇主来说，这些都是上班时不应该出现在公司的休闲活动。工作无聊的时候，能克服无聊的就是欢笑、轻松、笑料和玩。玩是枯燥乏味的对立面[68]。如果能把它们带到生活中，即使是最困难的时刻，我们也会觉得没那么无聊了，或者说能忍受更多的无聊。

框 **9-8** 什么事情这么有趣？

我们都喜欢大笑，但是什么让事情变得这么有趣呢？这大部分取决于一个人的幽默感和环境。大部分有趣的事情都可以分成以下几类。

不一致性：当某个事物违背了它的本质，缺乏逻辑或不合时宜时，我们会觉得它好笑。作为幽默的接收者，我们的思维被笑话从一条路径转换到了另一条。关键在于这种转换的出现是有意义的：

我们一旦理解了笑话，看起来不合理的事情就变得合理了。

优越性：我们发现某个人犯错或失误的时候会觉得好笑。别人尴尬的或很囧的事情会给我们优越感，通常也会觉得好笑（发生在自己身上的时候是不会觉得好笑的）。

安慰：在体验到压力和紧张的前提下，我们会把某件好笑的事情作为一种安慰。这就是医务人员讲黑色幽默非常有效的原因。

上班时的幽默和玩乐是对抗工作无聊的良药[69]。2011 年的一篇文章《工作、玩和无聊》中，作者称“玩可以缓解工作的单调和无趣”[17]。甚至有些人认为玩是对抗厌恶感的重要战友。如果玩乐可以降低无聊，那么工作满意度、工作效率和经济都会得到增长[70]。

把工作“玩”起来

有很多把玩带到工作中的方法，例如有趣的团队建设和游戏、猜字游戏、办公室聚会、化妆日、办公室玩笑、布告牌玩笑、滑稽剧等。这可以在某种程度上模糊掉工作和休闲的界限，而它们之间的界限本来就已经不再那么明显了，越来越多的人远程工作，在原本的非工作时间通过邮件和网络继续工作。

很多公司已经了解到有趣的工作环境能够提高工作效率。事实上，有些公司开始雇佣专门的员工来作为“趣味职员”或者“快乐工程师”[18]，主要负责组织有趣的活动。“快乐工程师（fungineering）”[71]也因为强行制造玩乐而受到批评，但作为工作无聊的克星也是非常有效的。以下罗列了一些有趣的办公室活动。

- 西南航空公司以关注乐趣为名，员工们可以打扮、开适度的玩笑，通常都很愉快。这家公司被一家匿名的工作评选网站评为最佳雇主[72]。
- 夸德制图公司的年度管理总结以娱乐的方式进行——通过歌舞节目，员工可以“分享欢笑，甚至可以在一起做看起来很愚蠢的事情”[73]。
- 弗吉尼亚信用合作社呼叫中心举办趣味比赛（例如扫帚竞猜），排演滑稽短剧，通常能“给工作带来快乐”[74]。
- 班杰利冰淇淋公司有一个“快乐约定”，旨在给员工承诺工作的愉悦度[75]。他们的格言是“不好玩的事情，我们就不做”。
- 科达公司为员工提供一个很大的“趣味房间”[76]，里面有蒙提·派森的电影和“坦率的镜头”节目播映，还有笑话书和其他的设备（例如魔术道具、奇装异服），都是为了员工能心情愉悦。
- 太阳微系统公司是世界领先的计算机服务器制造商，位于美国加利福尼亚的圣克拉拉。他们鼓励愚人节的恶作剧。例如，在1986年的愚人节，时任产品研发总监的埃里克·施密特（Eric Schmidt）发现他办公室的所有家具被一辆大众甲壳虫车取代。两年以后，时任CEO的斯科特·麦克尼里（Scott McNealy）发现办公室变成了四杆洞的高尔夫球场[77]。

- 英国航空公司在1994年聘用了一名“企业小丑”。小丑保罗·伯特（Paul Birch）的工作就是通过鼓励经理们用水枪互相追逐来提高他们的创新能力[78]。
- 位于美国佛罗里达州微风港的Appriver公司是一家电子邮箱安全公司。他们以一只玩具猴子为主角专门创作了一部电影来供员工娱乐。他们的市场总监说：“员工在工作时感到愉快是非常重要的。”[79]
- 谷歌可能是最知名的快乐办公的公司。在加利福尼亚的总公司里有排球场、攀岩和游戏室[79]。不仅仅是总公司，全世界的谷歌办公室都有娱乐设施，比如苏黎世有滑梯，荷兰有室内自行车道，甚至还有一些地方在草坪上养山羊。
- 美国弗吉尼亚的费尔法克斯郡有一家在线零售公司叫奇客思考（ThinkGeek），该公司主要售卖一些很炫酷的东西，例如间谍相机触控笔。在他们公司，玩玩具是工作的一部分，无论是为了更好地售卖产品，还是发明新玩意儿。员工们也经常通过玩游戏等方式来放松。公司里有一个房间，塞满了电子游戏机、街机风格游戏机、足球机和吉他。产品采购员克里斯·明德说：“我喜欢奇客思考，因为我可以穿着我的捉鬼敢死队制服工作，还能跟别人击掌。”[80]
- 冰沙品牌Innocent Smoothies有一个“水果服务计划”（月

度最佳员工会获得一顶很高的帽子或者皇冠），周五啤酒日（“我们喜欢在周末前适当放松一下，有时候也会有薯片”），免费冰沙和一个专门发布笑话和照片的博客（照片从员工的个人社交页面上选取）。

框 **9-9** 搞笑业务

戏剧演员约翰·克里斯(John Cleese)以他在《飞行马戏团》《一条叫旺达的鱼》和《弗尔蒂旅馆》中的表演而闻名，现在经营着世界上最大的专业“幽默”生产公司（他的公司称），通过他的技术为电影增加搞笑度[81]。

第十章 远离情绪陷阱，唤醒自我创造力

在所有的社交缺陷中，人们最不喜欢被贴上的标签大概就是“无聊”了。我们也许可以忍受自己有各种缺点，可以被人说“讨厌”或者“太固执”，但是如果被人评价成是一个无聊的人，那就太过分了。对这种评价的强烈恐惧导致许多人会带着焦急的心情“监控”他们的说话对象，生怕漏掉任何一丝有可能表示他们感到无聊的线索。发现别人不经意地瞥一眼手表，或者半打着哈欠却又强忍住的表情，都会让我们心生哀怨并询问对方：“我是不是让你感到无聊了？”（通常伴随一个不以为然的笑容）这种提问得到的反馈通常是坚定的否认或者匆忙的解释，不过这颗疑问的种子已经种在了我们心里，这种对自己是否让他人感到无聊的恐惧开始萦绕在我们心头。

但并不是每一个人都对自己是否是个无聊的人而感到担心。

我们都认识几个让我们感到乏味至极的人。在我的研究中，超过300个人被问到工作让他们感到无聊的是什么，其中14%的人说是其他人（第九章）。即便在我们盯着手表或者加快步伐走开的时候，有些人还是在滔滔不绝地继续着无聊的发言。每当很不幸地遇见这样的人，我都会想起电影《空前绝后满天飞》中的场景。一个极其无聊的人煞费苦心地讲着一个又一个平淡无奇（但很长）的人生故事，以至于把其他乘客逼得想去自杀。

是什么让一个人如此乏味又无趣？研究者们发现了一系列的特点——从会话方式到词汇量都可以造成“无聊”的表达技能，以至于让其他人厌烦。这一章就是为了那些一想到自己会让别人无聊就会出一身冷汗的人而写的。

在探寻是什么让人变得无趣之前，我们来看一个问卷，帮助你发现自己是否无聊。

测一测：你离无聊的情绪有多远？

你在多大程度上同意以下说法？

1. 我比大多数人的语速慢。

1	2	3	4
非常不同意	不同意	同意	非常同意

2. 我说话的时候习惯有较多停顿。

1	2	3	4
非常不同意	不同意	同意	非常同意

3. 我在讲故事或阐述一件事的时候都会花很长时间。

1	2	3	4
非常不同意	不同意	同意	非常同意

（续）

4. 我觉得在陈述一件事情的时候讲清楚每一个细节是非常重要的。

1	2	3	4
非常不同意	不同意	同意	非常同意

5. 用行话、术语和缩略词可以给人留下深刻的印象，因为这能显得我知识渊博。

1	2	3	4
非常不同意	不同意	同意	非常同意

6. 我习惯于把对话的主题转向和自己相关的事情。

1	2	3	4
非常不同意	不同意	同意	非常同意

7. 我觉得引用电影或电视节目里的话是很有趣的。

1	2	3	4
非常不同意	不同意	同意	非常同意

8. 我喜欢跟人分享发生在我身上的趣事。

1	2	3	4
非常不同意	不同意	同意	非常同意

9. 我在讲故事或者说事情的时候常常抓不住要点。

1	2	3	4
非常不同意	不同意	同意	非常同意

10. 我习惯于讲得多、听得少。

1	2	3	4
非常不同意	不同意	同意	非常同意

（续）

11. 我讲话的时候一般都情绪稳定。

1	2	3	4
非常不同意	不同意	同意	非常同意

12. 我不是那种经常嘻嘻哈哈或讲笑话的人。

1	2	3	4
非常不同意	不同意	同意	非常同意

13. 我习惯于批判，经常指出那些不对的事情。

1	2	3	4
非常不同意	不同意	同意	非常同意

14. 我尽量保持说话的语气和音调稳定，而不是抑扬顿挫。

1	2	3	4
非常不同意	不同意	同意	非常同意

15. 说话的时候，我尽量不看别人的眼睛。

1	2	3	4
非常不同意	不同意	同意	非常同意

16. 我不习惯情绪外露。

1	2	3	4
非常不同意	不同意	同意	非常同意

17. 我喜欢讲冷笑话——我知道其实他们是很喜欢的。

1	2	3	4
非常不同意	不同意	同意	非常同意

18. 生活是很严肃的事情——我没有太多的时间玩乐。

1	2	3	4
非常不同意	不同意	同意	非常同意

（续）

19. 我对一些小众的话题特别感兴趣，而且很喜欢谈论它们。

1	2	3	4
非常不同意	不同意	同意	非常同意

20. 我经常跟人讲那些我所知道的特别好玩的事情。

1	2	3	4
非常不同意	不同意	同意	非常同意

21. 人们很喜欢在交谈时被奉承和表扬。

1	2	3	4
非常不同意	不同意	同意	非常同意

22. 谈话的时候，有几个词是我常用的，比如“真的吗”。

1	2	3	4
非常不同意	不同意	同意	非常同意

23. 在别人讲话的时候，我不习惯提问，这样会打扰他们。

1	2	3	4
非常不同意	不同意	同意	非常同意

24. 如果别人在讲很有趣的事情，我会马上转换话题。

1	2	3	4
非常不同意	不同意	同意	非常同意

25. 我没有太多的兴趣爱好。

1	2	3	4
非常不同意	不同意	同意	非常同意

将所有的分数相加，总分在25～100之间。得分越高，你的“无聊的习惯”就越多。

无聊人士的29个习惯

是什么让一个人变得无聊？是否会存在这样一种情况：某些人在一部分人眼里无聊透顶，而在另一部分人眼里却特别有趣。虽然无聊可能是一种个人特质，但是无聊也是情境化的。如果一位法国文学史教授跟我谈论他的研究，我可能会觉得特别无聊，但是他的同行会对他说的每一个字都特别感兴趣。

有很多个人特质会很明显地增加“无聊商”。行为学家米哈里·契克森米哈赖（Mihaly Csikszentmihalyi）指出：“我们都会时不时地让人觉得无聊，但有些人是长期如此，他们的社交和事业甚至因此受阻。可悲的是，他们并不明白这是为什么。”[1]关于什么让人变得无聊的实证研究非常少。幸运的是，维克森林大学的一组研究人员在20世纪80年代有了一系列发现[2]，他们总结了那些被认为无趣乏味的人在说话时会有哪些特点。

在讨论什么让人变得无聊时，我们得先再看一下什么是无聊以及什么让我们感到无聊（第一章）。根据维克森林大学的研究，当人们需要“付出主观努力来维持注意力”的时候就是感到无聊了[2]。这不仅仅是对他人的话不感兴趣那么简单，如果仅是如此，我们在理论上是可以直接忽视的。问题在于，在谈话过程中直接走开不符合社交礼仪，所以我们就挣扎着假装对别人说的事情感兴趣。我们在社交上被迫继续关注他们。无趣乏味的人不但会讲我们不感兴趣的事情，而且他们的讲话方式需要我们付出额外的注意力去倾听。也就是说，不仅是他们讲话的内容让我们无感，就连讲话的方式也让我们很难跟上他们的讲话节奏或理解他们的讲话内容。这也可以用来解释为什么一个好的演讲者可以让最无聊的话题变得吸引人，而一个不好的演讲者可以让一个原本有趣的话题变得死气沉沉。

利里（M. R. Leary）和维克森林大学的学生分析了那些无趣乏味的人，并且发现他们可以分成以下几类[2]：

无聊特质的分类和解释	
自我为中心	过度关注自己的谈话，在别人看来就很难投入
陈词滥调	谈论琐碎的事情，听众会觉得没有什么值得关注的实质性内容
情绪	情绪的不恰当表达会让听众难以集中注意力
消极被动	对周遭的世界并不关注也就言之无物，无法抓住他人的注意力
严肃	缺乏幽默感或者过度严肃，很难吸引听众的兴趣
分心	说话风格让人很难跟上节奏，或者是要付出太多的认知资源才能理解，太容易让人分心

想象一下那个最让你感到无聊的人。他身上的哪些特点是真正让你无法忍受的？我让中央兰开夏大学的105名学生做了这件事情。以维克森林大学的分类为基础，我开发了一个无聊人群特征列表：部分是从之前的研究中直接收集来的，部分是从我的焦点小组中获取的。学生们需要想象那个最让他们感到无聊的人，然后从列表中选择五个最让人无聊的特质。下表是研究结果。

无聊的特征		认为该特征为最无聊前五个特质的人数百分比（%）
1	讲事情拖沓且没有重点	52
2	说话很慢	49
3	语调单一	45
4	不允许别人插话	34
5	一直讲同一件事情	34
6	总是在说自己	30
7	一直在抱怨	30
8	没有激情	28
9	过度阐述细节	22
10	凡事较真	20
11	停顿过长	18
12	重复同一个词	18
13	讲不好笑的笑话	17
14	生活中没什么有趣的事情可聊	13
15	用别人不懂的行话和术语	13
16	沉溺于某一个主题	12
17	没有眼神交流	10
18	没有情绪外露	10
19	经常跑偏	8
20	几乎没有面部表情	8
21	问很多简单的问题	7
22	突然换话题	7
23	完全不提问	6
24	经常说一些微不足道的事情	6

（续）

无聊的特征		认为该特征为最无聊前五个特质的人数百分比（%）
25	敷衍地回答（例如，真的吗?）	5
26	经常用电影/电视里的话	4
27	经常谈论过去	4
28	逢迎谄媚	2
29	并不关心听众是否感兴趣	2

接下来讨论每一种分类（从最让人感到无聊的开始），让我们看看怎样才能确保不会让别人觉得无聊。

1. 讲事情拖沓且没有重点

怎样才能讲好一个故事？加利福尼亚的一个研究团队调查发现，一个好故事需要有三个要素：与听众接受度相匹配的语速，能抓住听众注意力的细节，以及能给听众带来一种既能吸引注意力又能让他们学到东西的印象[3]。

我研究中的一半参与者都给不能讲故事的人贴上了无聊的标签。乏味无趣的人无法掌握讲故事的技巧，一旦发现他们靠近，我们就赶紧躲开，以免陷入不知所云的长篇大论中。

他们会通过以下几个技巧把一件事情讲成一个毫无头绪的故事：

- 确定这个故事的走向是个死胡同。故事结局最终讲出来的时候是很突然的，和前面说的内容没有什么明显的逻辑关系。

- 确保这个故事和之前或现在谈论的话题没有任何关系。例如，在他们眼中，聊一聊天气之后就可以讲买切面包刀的故事了，两者之间完美契合。
- 用各种无关紧要的细节把故事拉长。他们坚定地认为听众需要知道和故事相关的每一个细节，包括人物的穿着以及为什么这么穿，在哪里买的这些衣服，花了多少钱，他们之前看见谁也穿过（但是颜色不一样），他们有多么讨厌POLO衫，等等。另外，他们还会从故事的主线聊到另一些琐碎的事情上，这是增加无聊的另一个因素——就像打开了一个思维上的“俄罗斯套娃”，从一个故事引到另一个故事，直到他们（以及听众）已经完全忘记了最初讲的那个事情是什么。
- 确保故事里有很多别人根本听不懂的引用。他们会在叙事的时候加入很长的解释，解释一些无关的人（例如他们的母亲、姐姐、姑妈的好朋友）做过的很“滑稽”的事情（滑稽得如此不明显，以至于大多数人都感受不到），却只增加了别人对他们的“无聊”印象。

2. 说话很慢

讲话语速慢得夸张的人通常被认为是无聊、乏味的[4]，因为等待笑料的听众会对拖沓的进度感到很不耐烦。研究发现，语速太慢的人会被认为太过于学究气，好像他们过于关注遣词造句，而没有表达清楚自己的观点。听一个语速很慢的人说话是很容易厌烦和分心的。我们会被他们的语速吓到，到后来就无法抓住内容了——抓不住说话要点，也就变得很无聊了。

3. 语调单一

“用一个语调说话的人是很无聊的。”—— 一名研究参与者说。

研究中，有45%的参与者选择了这一项。语音语调的变化可以让语言更有活力，也更清晰，所以单一的语调会让人觉得乏味。语音语调包括音高（尖叫或低吼）、音量（大声或小声）、节奏（快或慢）。抑扬顿挫的语音语调用来强调重点的词句。

单一的语调没有什么变化，不能表达情绪，让人很难愿意听下去，也就更容易感到无聊。同时，用单一语调说话也传递出一个信息，那就是说话者根本就不关心听众是否对他所说的内容感兴趣，他们也不会为如何吸引听众而担心。

4. 不允许别人插话

“无聊的人不停地讲啊讲啊，根本看不到你眼神呆滞。如果你想要打断他，他就会接过话茬继续讲，最终你就逃走了。”—— 一名研究参与者说。

有1/3的参与者选择了这一项作为无聊者的五大特质之一。不让别人插话是进行一段无聊对话的重要特点。严格来说，这其实就是独白，但是无聊者坚定地认为其他人会很愿意坐着听他们说话，让他们接过所有的话茬。他们会忽视其他人想要讲话的细节动作（甚至是很明显的动作）。

5. 一直讲同一件事情

有些人似乎有一些“拿手戏”，在任何场合都会拿出来。这对那些看过听过的人来说显然是很无聊的。在马尔科姆·格拉德威尔（Malcolm Gladwell）的经典著作《决断两秒钟》[5]中，心理学家约翰·巴奇（John Bargh）对此进行了精彩的陈述。许多心理学研究者的痛处在于实验的重复性。巴奇举了一个例子：在做某个研究时需要对参与者重复多次指导语，参与者抱怨道：“我必须一遍一遍又一遍地听指导语。这真的是太太太无聊了！”

不仅是心理学研究者们存在这个问题，长期伴侣也需要重复地听对方说同一个话题。事实上，一篇研究称越来越多的女性因为无聊而离开了丈夫[6]。

6. 总是在说自己

我们都很喜欢谈论自己，但是大部分人都能抑制住这种冲动而不去过多聊自己的事情。问题在于，无聊者似乎并不知道什么是“过多”。我的研究中有1/3的人选择了这个特点。无聊乏味的人试图把对话中的每一个话题都扯到自己身上，要么是关于自己的话题，要么是他们感兴趣的话题。如果其他人说到了别的事情，他们就会马上接话说这让他们想起了自己身上发生的某件事情。无聊的人似乎都有“更棒的故事”——例如别人说了一件事情，他们就会说一件自以为更胜一筹的事情。

有研究发现，大脑很喜欢我们在聊自己时的状态。哈佛大学的研究者们进行了一系列实验来评估我们有多么喜欢谈论自己以及这样做的原因。其中一个实验是在参与者谈论自己或评价他人的性格或意见时扫描他们的大脑；另一个实验是测查参与者在回答关于自己、关于他人或中立事件问题时的偏好。还有一个研究探索人们更愿意说出自己对问题的看法，还是保留意见[7]。

在这些研究中，哈佛大学心理学院的戴安娜·塔米尔（Diana I. Tamir）和杰森·米切尔（Jason Mitchell）发现了类似的结果：人们在谈论自己的时候，大脑中的奖赏系统中枢会得到激活；其他人在听我们说话（或者我们认为他们在听）时的激活程度比没有听我们说话时更高。这些都说明了谈论自己有多么大的吸引力。有可能是无聊的人对于这种激活的需求更为强烈，于是他们在谈论自己时完全停不下来。

框 **10-1**　如何应对无聊的人？

“如果我和一个很无聊的人聊天，我会通过不说某个字母来自娱自乐，比如‘e’，然后看我做得怎么样。”这是住在曼彻斯特的退休教师史蒂夫·皮尔曼（Steve Pearlman）在我脸书的页面上留下的评论。

7. 一直在抱怨

有接近 1/3 的人选择了这一项。那些对所有的事情都持消极态度的人在谈话中传达出他们对生活缺乏激情和兴趣，因此也让人感到无聊。消极模式非常消耗人的能量，而且让人觉得毫无生气，这使我们在听别人抱怨的时候很难有充分的认知能量去关注别人在讲什么。

抱怨的可预测性也会增加“无聊商”。那些能被预测的、典型的行为模式比自发的行为模式更容易被认为是无聊的。

被迫听他人的抱怨还会造成一些别的效果，这也能用来帮助解释为什么我们会觉得老是抱怨的人很无聊。企业家及作家特雷弗·布雷克（Trevor Blake）在他的商业指导书《三步为赢》中提出，研究者发现长期接触消极言语和抱怨会降低大脑的问题解决能力。简言之就是，经常听别人的抱怨会“让脑子变糊”[8]。因此也可以假设不能以创新的方式解决问题的“糊”脑子是无聊者的大脑。

8. 没有激情

2013年1月，世界知名的电影明星布鲁斯·威利斯（Bruce Willis）因为在英国电视台进行了一次“无聊”的采访而被迫道歉。他的“罪行”是在聊新电影《虎胆龙威》时“显得无精打采，毫无兴致”以及假装“非常热情”（后来他承认“那是有点无聊”，但主要是因为在倒时差）[9]。

热情就是主动积极地参与投入。我经常说，一个人只要充满激情，就能掩盖很多不好的事情（例如他说的话毫无实质内容）。可能无聊者有趣事可讲，但是他说话的方式太没有激情了，以至于让观众感到无聊（即便他是布鲁斯·威利斯）。荷兰的研究者发现[10]，无聊者说话有几种固定的方式，例如说话语调单一、表达时缺乏情绪。“下垂”的身体语言显得整个人昏昏沉沉、无精打采。瘫坐的姿势显示出兴奋度较低，给人的印象是没有热情、冷漠和无聊[10]。缺乏手部姿势会显得没有活力，也是一种缺乏热情的表现。而较多的手部姿势则会显得精力充沛。

9. 过度阐述细节

用细节让听众的大脑麻木是一种艺术。

举个例子：假设一个人在工作时被问某个报告什么时候能完成。

通常（不无聊）的回答是“我希望在周四晚上完成，最多是周五”。

无聊者的回答是“我希望周四晚上能够完成。周四是我和凯利、克洛伊的宾果之夜。凯利你认识吗？财务部的。你知道吗？她两周之前发生了件大喜事。她说今天晚上要请我们吃咖喱来好好庆祝一下。但是，我也并不是很确定周四能完成，因为我的车出了问题——昨天点火发动后它发出了奇怪的声音，我只好把它停下来。送到汽修厂以后，机械师麦克说需要开一小段来听清楚那个噪声，这样才能准确判断是哪里出了问题。所以我就跟他一起开了一段——最后我们停在环城路上，你知道那条路有多堵的，所以回来的时候已经11点半了。无论如何，我都得把车留给麦克，他认为是垫圈出了问题。我只好坐公交车上班，所以我那半天都没有工作，延误了工作进度……”。

这些细节既偏离了主线（很难跟上），又把叙事速度变得很快，听众们没有时间来理解内容。研究者们发现，小说作品中那些与情节相关的细节、富有想象力的隐喻以及对人物及其行为的细致描述，能使读者全情投入到书中人物的思维和情感中，大脑中的多个区域和神经网络也都活跃起来[11]。而当书中的细节描写与人物或情节都无关时，读者大脑中那些区域的活跃度（和语言加工区域不同）就不那么高了，也就更容易感到无聊。这个研究采用的是阅读书面文字和大脑扫描的方式，但其结果似乎也适用于口头语言。

10. 凡事较真（和没有笑容）

“我知道有些人是从来不笑的。这种人特别严肃，拒绝所有的玩笑。如果你跟他开玩笑，他会指出为什么你说的话不好笑。只要他一出现，我的心就沉重起来。”——一名研究参与者说。

讲不好笑的笑话已经足够糟糕了（第 13 点），但是找不到事物中有趣、幽默或轻松的部分更为糟糕。幽默是无聊的克星，所以拒绝使用或不能使用这个武器的人就无法驱赶他们世界中的无聊。详情可以看第九章。

11. 停顿过长

无聊者在回答每个问题时都会停顿好长一段时间。他们也会在词句之间停顿，但又会通过高举一只手或者用目光来拒绝其他人插话。这种做法不仅能保证别人会在无尽的等待和走神中感到无聊，又因为不允许别人说话而让别人感到烦躁。

12. 重复同一个词

有些人用同一个多余的词语来“装点”他们的言语。这些词语包括：

- 就是，就像（“他，就是，说，他很开心，就是”）

- 基本上（“基本上，就是她基本上算逃走了”）
- 你懂吗/你懂我的意思吗
- 完全（“他完全被我迷住了”）
- 无所谓
- 这么简单的事情
- 绝对的

如果你不断重复地用同一个词组或词语，那就会让人觉得无聊。因为我们的大脑学会了忽略无关语词，所以你在重复说那些语词的时候，别人的注意力已经转走了——再把注意力抓回来就很难了。最终结果就是，你被认为是个无聊的人。

13. 讲不好笑的笑话

有些人让我们感到无聊的部分原因在于他们希望受到关注，而我们并不想给予这样的关注。当他们在讲“笑话”的时候会带着一种期待，希望我们能有适度的反馈，至少能略表喜悦。但如果这个笑话很无聊，我们会发现要去迎合这种期待很难，也无法对这种笑话维持注意力，于是体验到了无聊。

所以，是什么让一个笑话变得无聊的？

- 可能是讲笑话的方式。笑话很容易讲不好，例如，强调了错误的情节，忘记了抖包袱或者抖包袱的点不对等。精确度至关重要，为此必须得选择能创造生动、清晰形象的词句。另外，安排这些词句也必须十分小心。而无趣的人是做不到这些的。

- 如果笑话已经过时了也就不好笑了。心理学家爱德华·德·博诺（Edward de Bono）[12]是最前沿的创造力专家。他提出了“横向思维”的理念：大脑是一个模式匹配机，工作方式是辨识事件和行为，并把它们归入到熟悉的模式中。如果一个超过预期的新通道打破了大脑中一个熟悉的连接，并且有新的连接产生，人们就会在新连接产生的那一刻体验到幽默感。所以笑话只会在它们第一次被听到的时候让人发笑。听到笑话的时候，模式就建立了，往后再也不会有新的连接了，也就不会再产生幽默感了。很不幸，没有人把这一点告诉无聊的人。
- 同样的原因，同一个笑话讲太多遍也就不好笑了。
- “真希望你在那里”——一些好笑的事情只在当下好笑，事后再说的时候就不好笑了。
- 笑话太长了。艾萨克·阿西莫夫（Isaac Asimov）在他的笑话集 *Treasury of Humor*[13]中指出，讲一个长篇的笑话需要“承担相应的风险”。他说，笑话必须得有“内在的价值”，也得有“适度的幽默感”贯穿其中。如果只是把笑话当成一件好笑的事情来讲，听众很有可能会把这件事当真，在抖落包袱的时候会陷入阿西莫夫所说的“可怕的沉默”中。无聊者常常不能在讲故事时辅以幽默感，故事就显得没那么轻快而有趣了。

14. 生活中没有什么有趣的事情可聊

“无聊的人过着无聊的生活，所以他们也讲不出什么让人感兴趣的事情。”——一名研究参与者说。

一个人如果没有什么兴趣爱好，也不常出门，生活也没什么变化，他们自然也就没有什么聊天的素材。虽然有些人能把看牙医这种小事都讲得生动有趣，但是大部分人还是得有料才行。所以，如果你没有什么好玩的经历来跟人分享，那么出去走走吧！

15. 用别人不懂的行话和术语

有些人觉得说话的时候引用很多行话或者术语会显得他们很聪明。实则不然——最终的效果是听众无法跟上聊天的节奏，也就很快失去兴趣了。听众也能感受到演讲者试图在用自己的内涵打动别人，但他们并没有被打动，而是走神了。其他类似的习惯包括过度使用陈词滥调、打官腔、喜欢夸张以及用词不简洁。

无聊示例：我会小心翼翼地靠近面向客户的窗口，因为我自己只是一名全方位补充控制员。

不无聊示例：走向客服柜台的时候我会比较小心，因为我只是一名堆放工。

无聊示例：恕我直言，我只是想强调一下这件事，这让我每天都很困扰。我们需要一些蓝图式的思考才能跳出固有思维模式。这不是一件复杂的事情，不过我处在一个困难如磐石的境地中。在目标持续改变的时候，很难确保我们能同声同气，所以我特别需要你们支持我。

不无聊示例：我会尽快安排妥当，不过我需要更为新颖和创新的解决方案。我处在一个比较困难的境地，不过我需要确定我们在这一点上能达成一致。

无聊示例：作为一名 ASL，我需要让 ASOP 搭建一个新的公司 BBS。

不无聊示例：作为一名区域经理助理，我需要让助理系统操作员搭建一个新的电子布告栏系统。

乔恩·沃肖斯基（Jon Warshawsky）是《职场秘密语言：著名企业高管教你识破办公室里的假话、空话、废话》的作者之一，他提出 5 种最常用的商业行话：

- 授权
- 价值（附加价值、传递价值、价值定位）
- 思维领导能力
- 思维占有率
- 以客户为中心

16. 沉溺于某一个主题

“我认识一个特别喜欢聊狗的人，每一次想要岔开她的话题都不会成功——她都会转回到她心爱的狗狗身上。每次开会，我们都得看她狗的照片，听她讲狗最近发生的事情。”——一名研究参与者说。

科学家已经发现，我们在听到一个故事或者一件事的时候都会想要把它和自己的经验联系起来。在和人交谈的时候，我们的大脑正忙着搜索话题的相关经验并确认它与现有模式是否匹配——我们正在努力找到相关的材料。所以当一个人聊天的话题范围很窄，以至于我们找不到相关经验时，我们就会觉得很别扭，也很快对这个话题失去兴趣了。

17. 没有眼神交流

你小时候有没有玩过“对眼”游戏？这个游戏的大致规则是：两个人相对而坐，眼神对视，不能笑——谁先躲开对方的眼神，谁就输了。这很难做到，因为它违反了眼神交流的社交规范。通常来说，听众会经常注视着说话者，但是说话者并不会经常回看，只是时不时地注视一眼就把眼神移开。

但如果说话者违反了惯例，经常躲避听众的眼神呢？那听众就很难听懂说话内容了，因为眼神是很有表现力的。如果这种沟通中介不起作用了，听众就很难集中注意力（也增加了无聊的风险）。如果发言者说话时不看着我们，我们就很容易看往别处，被别的东西吸走注意力。这样我们很快就对说话者失去了兴趣，所以就觉得无聊了。

眼神交流也能让听众更有参与感。眼神交流方面的专家胡·维提加尔（Roel Vertegaal）博士进行的一项研究发现，在小组讨论中，一个人接收到的眼神次数与他们的参与度是成正比的[14]。英国伍尔弗汉普顿大学和斯特灵大学的研究者们也发现眼神交流能让我们付出更多注意力。他们录下了一些人说话的片段，结果发现，看镜头时间达到1/3的录像内容较容易被观看者记住[15]。

18. 没有情绪外露（或者因为一些小事都能过度兴奋）

当你告诉别人一件激动人心的新鲜事，却只换来一句平静的“哦，这样啊”的时候，你一定觉得很生气。缺乏情绪表达会让对话变得平淡乏味，不仅如此，没有表现出他人期待的或者适合的情绪会让他人觉得失落，进而失去交谈的兴趣。

毫无情绪（没有面部表情或者音调变化）地说话让听众很难关注说话内容，他们因为情绪的缺乏而走神，或者因为没有感受到情绪上的差别而无法很好地理解信息，这样他们也就不再想“苦苦”思考你在说什么了。

而有些人是表达了太多情绪，对一些稀松平常的小事都兴奋不已，这往往过犹不及。三明治里多了片黄瓜，同事用了新香水或者突然见到了一个老朋友都能让他们十分兴奋。这种情绪的爆发在别人看来是很烦人的，因为他们无法理解，也并没有期待会有这样的情绪反应。

19. 经常跑偏

我们会认识一些没有办法按照次序来讲述事情的人，他们想到哪儿说到哪儿，看到什么说什么，所以说得越多，离最初的话题点就越远。这种频繁更换主题的说话方式让人听得很艰难。而越难跟上说话者的节奏，就越容易感到无聊。

不无聊示例：哦，凯西，我有你想要的那本书！拿去吧。

无聊示例：哦，凯西，我有你想要的那本书。有趣的是，就在你告诉我你想要这本书之后，我遇到了詹姆斯。他就是那个最早告诉我这本书的人。我看见他的时候，他正要去医院呢，因为他的妈妈那天晚上住院了。她是一位很可爱的女士，从外表上，你完全看不出来她已经 83 岁了。她让我想起我的奶奶，她们都很喜欢织毛衣。事实上，最近织毛衣很流行，是不是？有一次，我和奶奶一起去了当地的一个织毛衣小组，叫“奇怪的编织者”。我只去过一次，因为我觉得实在是不太适合我……

（也可以看1和9）

20. 几乎没有面部表情

面部表情和其他非语言媒介可以解读超过50%的信息。这意味着我们的表达内容中有超过一半需要通过面部表情来呈现，而其余不到一半的内容才通过语词来呈现。这也是为什么打电话不如面对面说话那样有投入感的原因。

无聊者说话时通过减少面部表情来削弱其他人对话语的理解度，人们需要通过调用更多的认知资源来理解他们的说话内容。当然，这对于很多人来说很难，于是他们就在情绪状态上觉得那些话语很无聊。

另外，没有表情的脸也传递出一种信息：说话者似乎很无聊[10]，于是在整体上加深了这种印象。（也可以查看18）

21. 问很多简单的问题

问简单问题是出于礼貌，问较为复杂的问题是出于真正的好奇心。很多人在聊天的时候总是提简单问题，这只是为了掩盖他们没有认真倾听的事实，他们可能不想过多暴露自己，或者不想对这次谈话做出任何贡献。

简单问题：所以，然后呢？

复杂问题：所以，你后来赶上那个演出了吗？

简单问题：发生了什么？

复杂问题：你那样做了以后，他是什么反应？

简单问题：那样可以吗？

复杂问题：你到了以后做了什么？

22．突然换话题

对话通常会有一定的自然流动取向，但是无聊者会在毫无准备的情况下突然转换话题。例如，在随机的位置插入完全不合逻辑的结论。在讨论前一晚的足球赛时，他们可能会说："有静脉曲张的人一般都有痔疮。"或者在聊网上超市购物的优势时，他们问："要不要看我奶奶的照片？"

23．完全不提问

过多提问也比完全没有问题好。当然，有一些人在社交场合会非常害羞。但是，如果只是坐在那里会被人贴上"呆板"的标签。如果对方说了一些能诱导提问的话题（例如"所以他扔了炸弹"），但期待的提问却没有出现，他们就会觉得你对他们的谈话内容没有兴趣。这种缺乏好奇心的表现会被认为是乏味枯燥，而且不关心外部世界，也就是一个无聊的人。

24．经常说一些微不足道的事情

在一些人眼里微不足道的事情可能在另一些人看来特别重要。关键在于情境。如果你正在跟人深入地探讨严肃的健康问题、中东危机或最近的恐怖袭击，然后有人想（重复地）聊他的仓鼠身上的斑点，那这个仓鼠的话题可能就被看作很无聊。

25．敷衍地回答（例如，真的吗？）

哇哦！真的吗？天哪！酷！这些都是人们经常挂在嘴边的回

应词，这些词并不能给谈话增加实质性内容，反而可能成为烦人的背景噪声而使谈话终结。反复地说这些词是很无趣的，就像本书前半部分提到的那样，造成无聊的主要原因是重复性，因为它激发了我们对新异刺激的需求。这种敷衍的回应也是比较消极的，因为它并不能诱导别人继续投入谈话。这种消极谈话方式的投入感也会相对较低，因为它并不需要对谈话内容有太多的关注就能发出那些感叹。

可以让无聊者安心的是，即便是名人也很喜欢这些感叹句。布兰妮·斯皮尔斯（Britney Spears）作为评委参加选秀节目《X因素》的时候，因为总是说“太神奇了”而被冠上了“无聊的布兰妮”的称号[16]。

26. 经常用电影/电视里的话

无聊者觉得随便说几句电影或者电视里的句子会显得自己很酷、很时尚。偶尔引用几句相关的台词确实会非常有趣，但是重复地说《星际迷航》里的段子就不那么有意思了。又是“重复性”这个关键词让人感到无聊——无论是重复同一句话还是同一个概念（从电影里）。

例如：

- 每次有人说“surely”，就会有人回答“别叫我 Shirley”。（《空前绝后满天飞》，1980）
- 每次有人想要显得很有哲理就会说“生活就像一盒巧克力，你永远也不知道你拿到的下一颗是什么”。（《阿甘正传》，1994）。第一次听到觉得很有道理，但第十次听到的时候就不会这么觉得了。

- 每次他们离开办公室去拿三明治都会说“我会回来的”。（《终结者》，1984）
- 每次有人下班都会说“原力与你同在”。（《星球大战》，1977）
- 每次想要说服某些人做点什么事都会说“我准备向他提出一个他不可能拒绝的条件”。（《教父》，1972）

越来越多的人采用这种无聊的引用，甚至连语气都在模仿。幽默专家艾萨克·阿西莫夫（Isaac Asimov）颇有深意地指出“很多人都觉得自己能掌握那种特别的口音，但实际上很少有人能做到”[7]。无聊者似乎很好地展现了这句话的精髓。

27. 经常谈论过去

“对于我的先生来说，最美好的时光是在他的青少年时期。他经常谈起那段时光，聊起25年前的事情就像在说现在的事情一样。但实际上那很无聊。”——一名研究参与者说。

无聊者的语料中关于过去的最多，这很乏味，因为这些故事和现在并没有什么关联。比如23年前度过的假期、你的一个同学、你少年时参加的运动会，或者1979年重新装修的厨房，这些对于听众来说是很枯燥的，因为他们无法把这些与他们当下的生活联系在一起。活在过去的另一个风险是，你在重复这些陈年往事的时候也被贴上了“无聊”的标签。

28. 逢迎谄媚

“很多都是在乱写或者过度赞美。本质上就是：这好无聊。”

这句话被写在育儿网站上（http：//positiveparentingconnection. net/praise-is-boring），但也同样适用于其他社交领域。过度地赞赏一个人是很枯燥乏味的。

那些绞尽脑汁逢迎他人的人也是很无聊的。他们在对话中不断插入阿谀奉承的点评，比如“哇！那好酷哦”“你太棒了”或者“那太好笑了”。首先，这显得有点谄媚，而且如果不断重复，我们就会习惯这些语句（或者习惯这个刺激），进而忽视，最后也就感到无聊了。

29. 并不关心听众是否感兴趣

无聊者能够对听众的反馈进行免疫。他们会忽视那些能够明显表示听众感到无聊的线索，甚至拒绝承认有可能听众不在听他们讲话。也许这就是选择性失明，或者缺乏社交线索理解力。

以下列举了一些线索，也许能帮助你判断你的听众是否感到无聊了。

- 不止一次看表
- 他们会说“好的，你说……够多了”之类的话
- 你在说话的时候，他们躲避你的眼神
- 只有你一个人在说话
- 你在说话的时候，他们开始做别的事情
- 他们多次试图转换话题
- 他们坐立不安
- 他们的脚轻拍地面或者在玩笔
- 他们的眼神看起来比较呆滞
- 他们不提问，只是礼貌地点头

无聊并不是无聊者的唯一标签

无聊并不是贴在无聊者身上的唯一标签，他们还会和其他个人特质联系在一起。维克森林大学的研究者们先对无聊行为进行了分类[2]，接着又进行了另一项研究。他们让参与者听一段录音，并且按照无聊程度进行点评。结果发现，相对于“有趣”的人，“无聊”的人被认为在以下这些方面都是欠缺的：

- 友好的
- 可爱的
- 有能力的
- 热情的
- 可信的
- 坚强的
- 安全的
- 对他人感兴趣的
- 受欢迎的
- 能胜任领导岗位的

研究者们对这个结果进行了有趣的解释。他们认为，社会上存在着某种社会规范能够禁止人们“过分的无聊”。也就是说，每个人都处在某种巨大的社会压力下，每个人都背负着一种社会期待：即使不能保证时时刻刻都趣味横生，也不要做一个无聊透顶的人。无聊者却打破了这种公认社会规范，这也是为什么他们会引起这么多消极反馈的原因。

但是，上述研究同样发现，参与者认为无聊的人比有趣的人更聪明。所以那些无聊者身上也还是有优点的！

1. 无聊是社交困难综合征的一部分吗？

枯燥无趣的人很难吸引他人的注意力。这也是他们进行太少或者太多自我暴露，或者有社交焦虑、社交退缩的原因。根据20世纪70年代的研究[13]，他们被认为角色承担能力差，无法发现能让他人感兴趣的事，过于关注自我或者总体上的社交技能有问题。以上这些都会导致孤独、低自尊，甚至抑郁。社交技能培训对于这些人（被他人或自己认为是无聊的人）是非常有益的，或许也应该在学校里推广。

还有一些看起来比较无趣的人可能有学习障碍，这使得他们无法理解社交线索，例如艾斯伯格综合征或者自闭症，在第七章探讨过。

2. 无聊就一定不好吗？

时任美国总统奥巴马在他的宿舍里以无聊闻名。他的舍友说："你正在变成一个无聊的人。"[17]对于室友的"指控"，奥巴马的解释是，他当时"关注学习，每天跑5公里左右，周日就禁食。也不做什么刺激的事情"。总而言之，他正在走向成为总统的自律的人生。

很明显的，无聊并不是一定就不好。那些被认为无聊的人更为努力、有责任心、稳定和有健康意识（能成为好的国家领导）。越来越多的研究发现，被认为"无聊"的人甚至寿命更长。根据伊利诺伊大学香槟分校心理学教授布伦特·罗伯茨（Brent Roberts）的研究[18]，低责任感不利于长寿，例如易患心血管疾病。“无聊”的人倾向于更有责任感且更自律。他们注重饮食健康、经常锻炼、按时检查身体，也不会过度饮酒或抽烟。他们也更容易在工作上取得成功，婚姻更稳定，家族更庞大，也更愿意参加社区活动。那么，为什么“无聊者”的口碑这么差呢？

有证据表明，“无聊”特质越来越受到赞赏。有很多人和组织开始积极地培养“无聊”的特质，也开始喊出“以无聊为荣”的口号。成为一个“极客”或者“书呆子”（被认为很呆板的聪明人）是很流行的。大量的服装都把这类词印在上面。

无聊真的变成新时尚了吗？无聊者的时代到来了吗？确定的是，被传统思想定义成“无聊”的会计公司把这个本来有消极含义的标签变成了积极的口号，就像第九章说的那样。但这并不代表每个人都会乐于被贴上这样的标签。

以成为“狂热爱好者”（Anorak）为荣

“在英国俚语中，anorak 是指一个人对某件事有狂热的爱好。这种爱好可能并不为大众所理解或接受。这个词有时候和极客、书呆子是同义词。”——维基百科

“anorak”这个词语的传统用法是用于较为委婉地骂一个人很“无聊”。《卫报》的一名读者说：“这种人通常对一个东西或一个活动极其感兴趣——比如那些喜欢去火车站记录火车号码的人。这些活动通常需要爱好者花大量的时间出门在外，除了偶尔

在小本子上写点东西以外，什么都不做。因此，这种人通常都会穿风衣，因为这种衣服便宜、耐穿，而且有很多口袋可以放酒瓶、笔记本、铅笔等。”[19]但是，我觉得这个时代已经越来越能接受这些人了，似乎能够承认无聊是一件值得骄傲的事情（即使你不是一个会计）。无聊男人俱乐部（http://www.dullmensclub.com）是国际的网络组织，里面的人都以“anorak”为荣。这个网站热衷于所有“无聊的成就”，例如讨论公园里的长椅，机场里的圆盘传送带和环形交叉口。他们的宣传语是“无聊也很棒”。这个俱乐部的实体在纽约成立，共有17名成员（会议室总共只有这么点儿椅子），但是他们的脸书主页已经有3386人点赞——所以有很多人都以此为荣。

彼得·威利斯（Peter Willis）非常了解被人贴上“无聊”的标签是什么感觉。他的爱好让他获得了“英国最无聊的人”的称号。《每日镜报》给他颁发了这个“荣誉”之后，他的故事被全球报道。这个给他带来“殊荣”的小爱好就是给英国邮箱的每一个面拍照。《每日镜报》解释道：“如果要举行一个最无聊志愿的竞赛，那彼得·威利斯肯定是理所当然的第一名。这位曾经的邮递员梦想着给英国所有的邮箱（115000个）拍照。”[20]

当然，他也担得上“狂热爱好者”这个称号，但是威利斯真的是英国最无聊的人吗？即便是这样，他自己也这么认为吗？为了找到答案，我去威利斯位于伍斯特的家找他。一开始他是拒绝接受我的采访的，也能看得出他并不喜欢那个称号。“邮箱研究组”的媒体官罗伯特·科尔（Robert Cole）不情愿地把我的请求告诉他以后便提醒我，我的请求“可能引起了一些反感”。罗伯特后来略有保留地解释说：“可能其他人觉得彼得是无聊的人。可能其他人觉得我们的爱好很无聊。但我们并不这样认为。”很明显，“邮箱研究组”并不把“无聊”作为一个积极的标签。

威利斯后续同意跟我聊聊，我们也通过一系列邮件来探讨他的兴趣以及因此获得的一系列“荣誉”。68 岁的威利斯说：

“我想，把‘英国最无聊的人’的称号加在我身上是很不公平的。可能其他人觉得我的爱好很无聊，但我觉得赌马和钓鱼也很无聊。邮箱比你想象得有趣多了。我知道什么是无聊——我曾经做过很多无聊的工作。在我年轻的时候，我曾经觉得上班的时间过得很慢，很无趣，以至于在上班时间无数次地看手表。一天中最精彩的时间是做一杯咖啡。那种毫无活力的日子，不开动大脑、不使用自己思维能力的日子，才是我所认为的无聊。所以我知道做无聊的事情是什么感觉。在我看来，无聊就是毫无活力。但是我的爱好是一件充满活力、毫不无聊的事情。英国有很多的邮箱，有的从没见过，它们分布在不同的地方，有的保持得很好，有的已经破损了。邮箱也不尽相同，有多种风格，被保护的程度也不一样。我有一个数据库，也获得了来自英国皇家邮政局的一份列表，里面罗列了 115000 个邮箱。所以就可以用陆地测量部的电子地图来做一些事前的研究。就像邮票一样，有些邮箱也是非常稀有的。总而言之，我的爱好绝对不是无聊的。”

和威利斯聊过之后，我们也就很清楚地看到，至少根据前面罗列的 30 项无聊者的特征，他被冠以“英国最无聊的人”的称号对他是很不公平的。例如，从我们的对话中可以看出他的兴趣爱好非常广泛（包括戏剧、窨井盖、里程碑、饭店照片和战争纪念碑），而且很会社交，能用投入且幽默的方式谈论很多话题。但他的故事也引起了一个疑问：为什么我们喜欢给爱好贴上“无聊”的标签，以及一个人的兴趣“无聊”是否代表着他是一个无聊的人，就像《每日镜报》说的那样。

无聊的爱好 = 无聊的人？

“无聊”的爱好需要极大的精力去关注过于技术、晦涩或小众的细节，以至于不会有很多人感兴趣。这让那些知识储量充沛的爱好者们无法与很多人分享，甚至无法让人理解。他们的兴趣点往往平凡和日常，例如邮箱、公园长凳等。

我想要找人问问他们认为什么样的兴趣才是无聊的，于是我找到了我的学生（通常是学术研究的被试），但我并不想给他们一个列表——我想知道他们能凭空想出什么样的兴趣。58% 的学生回答了这些问题，并提出无聊的兴趣有邮票或者银币收藏（43%），痴迷火车/飞机或者巴士（19%），钓鱼（16%）。其他兴趣包括观鸟、编织、政治、收集石头和贝壳、给高压塔拍照、用火柴做手工和用金属探测器在空地上检测。

其中很多的爱好都是单独行动（或者并不需要其他人的帮助）或者就像一个学生说的“收集那些没用的（对他们毫无意义）东西，而且收集这些东西需要长时间的等待”。

对于这些爱好的热情让他们拒绝被评价为“无聊”（就像彼

得·威利斯和罗伯特·科尔那样），如果某项爱好能够激发他们的热情，那就肯定不会让他们无聊。所以，是时候支持那些火车爱好者、邮票收藏者和给邮箱拍照的人，并且和他们一起拒绝“无聊的标签”了。毕竟“甲之蜜糖，乙之砒霜”，每个人的喜好不同。这也是每年在英国举办无聊大会的初衷——为了庆祝那些“平凡、普通、平淡无奇和被忽视的事物”[21]。每年的主题“都被认为是微不足道和毫无意义的，但是再仔细点儿审视这些主题，你会发现其中深藏的魅力”。之前四年的大会主题有打喷嚏、烤面包机、IBM 收款机、自动售货机的声音、海上天气预报、条形码、黄线和雅马哈 PSR－175 型电子琴的特点。这些主题无聊吗？每年大会都能卖出 500 张价值 20 英镑的门票。可能这些主题不仅仅是“无聊”那么简单。

关键在于，这些“无聊”的爱好，或者那些被贴上“无聊”标签的人，他们只是愿意关注那些稀疏平常的存在，而不是那些丰富多彩的事物。在这个快速发展的世界里，我们已经无法被那些不“刺激”的东西打动，也许，那些愿意花时间欣赏简单平凡生活的人也是很有魅力的。事实上，作为一名心理健康从业者，我经常给抑郁病人提出的一条建议是，在简单的日常生活中寻找快乐。如果更多人能停下脚步欣赏这些小而美的存在，或许抑郁的人会越来越少。

我把这条理论用于解释 Boring Tweeter——一位男子用推特发布“无聊”的信息给他的粉丝看（成书的时候有 173000 人）。他承诺只写无聊的内容，作为对“高大上”信息的抗议。“平凡很有趣。”他跟我说（在私信里），“因为这是我们每一个人每一天都会体验到的。”他可能会在无聊的时候发推特信息，但是他深信“感到无聊和真正变成乏味无趣的人之间是有很大区别的”。他的“无聊”推特信息包括：

@ Boringtweeters 刚才浴缸里的水好烫，所以我加了点凉水，现在刚刚好。

@ Boringtweeters 如果我站累了，旁边正好有一把椅子，我就会坐下。

@ Boringtweeters 在我想应该差不多是 5 点的时候，抬头看钟，正好是 5 点 04 分，和我所想差得不远，我很开心。

每条这样的推特信息都会被他成百上千的粉丝转发 200 次以上——超过了很多过着奢华生活的名人所发信息的转发量。也许对于很多他的粉丝来说，转发只是因为觉得这种故作的无聊很好玩：在每个人都想显得自己过得很精彩的社会，也许“精彩”本身已经变得无聊了，而平凡才是值得赞颂的事情。

所以，如果你觉得自己是这场无聊革命中的一员，那么也许你会想加入以下组织：

英国砖协会（http：//britishbricksoc. co. uk）

高架输电塔欣赏协会（http：//www. pylons. org）

大不列颠的环状交叉路口（http：//www. roundaboutsofbritain. com）

信箱研究小组（http：//www. lbsg. org）

美国铅笔收藏者协会（http：//www. pencilpages. com/misc/apcs. htm）

第十一章　无聊，也有意义

所有的情绪都是有目的的——这是它们存在的原因。例如，愤怒能帮助我们传达不悦，也能激励我们对不公正行为做出反应；悲伤使得我们能向他人表示自己在某种程度上需要照顾或者帮助；沮丧表示我们感到失望了；嫉妒可以让我们斗志满满地去获得其他人拥有的东西。

无聊能给很多人带来收入

本书展示了大部分人是如何把无聊当作天敌来害怕和躲避的：

- 工作的时候，我们担心无聊代表着没有成就和缺少重要性——是不是该换一份工作了？
- 作为雇主，我们担心的是，如果我们的员工都很无聊，他们会降低生产效率，可能会离职甚至滥用公司资源。

- 作为父母，我们可能最害怕无聊了。我们担心让孩子感到无聊，因为这表示我们养育孩子的方式方法有不当之处。我们希望孩子过得充实、忙碌、有创造力，总之就是没有空闲，所以当孩子在家里叫喊“我好无聊”的时候，我们的心顿时沉重了，在沮丧和挫败感中颤抖。
- 作为老师，我们担心让学生感到无聊。我们被灌输了一种信念，那就是为了让学生好好学习，我们必须得时不时提供娱乐和刺激。如果没能这样做，作为一名教育者必须得接受的后果是，学生选其他老师的课或者学生给课程的排名打分很低。
- 作为一个社会人，我们尤其担心让青少年感到无聊。我们害怕他们的无聊会引发一系列问题：吸毒、偷车和破坏他人财物等。

但是对于某些人来说无聊并不是令人厌恶的词语。他们喜欢无聊，因为对于他们来说这代表了收入：

- 娱乐业依赖我们的逃避无聊策略——需要被娱乐。他们想用能打消无聊（很贵的）的体验（例如电影院和电视）来填满我们的闲暇时光。
- 零售业也依赖着我们对新事物的需求。如果我们不再感到无聊，他们也就不会再产出新的 iPod、任天堂游戏机等。我清晰地记得，在我少年时期，电子虚拟宠物给人们带来了很大的新鲜感。这是当时最时髦的玩具，我们都为之疯狂。现在，我们依然能看到电子虚拟宠物，而且每年都会推出一个升级版，目的是迎合新口味、创造新需求。我们特别容易喜新厌旧，所以新事物需要愈加频繁地更新换代。这一条也同样适用于娱乐性的家用设备。手机是另一个特别典型的例子——我们对新到手的手机厌倦了之后，就眼巴巴地等着新一代的手机问世。

- 线上博彩和线上购物也得益于我们永不满足的刺激追求。我们在网上浪费大把大把的时间，手指在键盘上飞舞，不耐烦地等待着新跳出的页面能吸引我们的眼球。

但是，为什么只有其他人能从我们的无聊中得益，而我们自己却不能从造物主赋予的伟大情绪中获益呢？这一章会向你展示应该如何利用无聊的力量——也会让你不再那么害怕无聊。

保护自我，提升创造力

无聊是一种复杂的情绪，（可能）并不是与生俱来的（看第一章）。作为一种复杂的情绪，它有一系列不同的作用和目的。研究者、心理学家和哲学家长久以来都在考察无聊的目的，以下是尽我所能找到的目的汇总。

1. 和他人沟通

无聊的面部表情能够传递出强有力的信息。相信我，作为一名大学讲师，我充分了解那种表情能让我感受到听众的兴趣在直线下降（当然，并不是经常看到）。我们害怕看到听众的脸上挂着无聊的表情；无论是我们的同事、朋友、客户或者学生。如果问哪种情绪是我们最不想看到的，位列第一的答案应该就是无聊吧（虽然愤怒也不受欢迎）。

当我们意识到自己让听众感到无聊以后，我们知道自己传达的信息出了问题：我们的表达方式不对，信息被误解了，或者内容不合适，或者在某种程度上没有符合听众期望。我们能从一个无聊的表情中得到如此多的信息。这就是无聊的价值所在——能够传递明确的信息，表达自己的无聊感受（或者更准确地说就是你让我感到无聊了）。这也为我们采取行动以改变目前的情况提供了可能性，这样一来，听众才会不再觉得无聊。事实上，很多人接收到这条信息以后就会马上做出改变，可能会少讲一些内容，改变一下思路，开始提问，甚至直接结束。这就成功了！这种情绪达到了沟通的目的。

即使沟通的对象不是那个让我们感到无聊的人，向他们表达无聊的情绪也是很重要的。也就是说，沟通的目的不仅限于让别人终止无聊。想象那些肯定能让你感到无聊的场景，例如，与新的供应商开会，参加关于环境问题的大学讲座等。你在这些场合表现出自己的无聊，可以表达出你的价值观和信仰，而不仅仅是让无聊停止。举一个很好的例子，有一次，我带小女儿去看吉尔伯特和沙利文轻歌剧（《日本天皇》——非常棒）。她马上开始研究观众中仅有的另一个孩子，观察了一会儿，她就评价（不是轻蔑）说那个孩子看起来有多么无聊。“那个女孩很明显并不喜欢吉尔伯特和沙利文。”她愤愤地说。通过表情，那个女孩不仅表现出了自己的无聊，也透露出了一系列和自己相关的信息，包括她的态度和兴趣等。

为了不让别人评价自己，我们经常小心翼翼地掩饰自己的无聊。我们常常在一些枯燥的活动上假装热情和感兴趣，以创造出一个“得体”的形象。在讲结构方程建模统计变异的会议上，我们绝对不会想让同事或老板看到我们有多无聊。因为这会泄露出我并没有像他们那么喜欢结构方程建模的秘密。

2. 对社会噪声或信息过载的适应机制[1]

无聊也是一种保护性的情绪，让我们屏蔽那些经常“轰炸”我们的信息和噪声。想象一下，如果你不会对任何东西感到无聊……请看框 11 -1 中发生在艾丹身上的事情。

框 11 -1　想象一下从来不感到无聊是什么感觉

艾丹在早上 7 点被闹钟叫醒。他坐得笔直，入神地听着广播里的交通信息：“广播真是一个伟大的发明！整个城市成千上万的人都能同时听到。”

艾丹从床上下来需要一点时间，因为他沉浸在柔软的床单中，欣赏着卧室的装饰（他已经在里面住了 18 个月了），听着广播里的音乐。终于，他走进洗手间开始洗澡——哇哦！艾丹因为快速喷出的水、沐浴露的香味、温暖潮湿的感觉而激动不已。他洗完后开始穿衣服（好棒的衣服啊！针脚的缝合方式太机智了！尼龙搭扣真是伟大的发明啊）。

早餐时，艾丹兴致勃勃地阅读燕麦盒子的每一面（太棒了！这对我的心脏有好处），之后又看着水壶开了好几次（太好玩了）才离开家。离开之前，他又被晨间电视节目和走廊垫子上的垃圾邮件吸引了。那天早上，他花了 4 个小时才去上班。终于走出屋子后，他又对草地上的露珠产生了兴趣，甚至弯下腰、转来转去地从各个角度看，对阳光在露珠上的折射发出深深的赞叹。

艾丹的例子向我们展示了：假如每一件事物都新鲜刺激，那么注意力就会分散（巧合的是，艾丹的行为看起来很像自闭症患者的症状。两者的关系在之前讨论过）。这就是孩子眼中的世界，所有的东西都是新的和令人兴奋的——如果我告诉你艾丹是一个 3 岁的男孩，你或许就会会心一笑了。当然，父母们非常了解日常的细节对于小孩子来说多么有魅力，以及仅仅是走上那条家门前的小路需要花多长的时间。

但是，在成人的世界里，我们经常受到太多信息的轰炸，以至于如果不“习惯化”或者屏蔽就无法应对。所以我们习惯了收音机、垃圾邮件和燕麦盒子上的信息——都是为了把我们的大脑从关注这些东西中解放出来。无聊让这一切成为可能，无聊让我们的大脑可以从中脱身以关注那些更值得关注的东西。为无聊欢呼吧！

3. 对自我否定的防护

在更深的层次上，无聊可以起到自我保护的作用。无聊可以让我们不用面对自己身上所有的缺点。例如，我们想象自己还在听那个结构方程建模的讲座，身边的每一个人都在频频点头，而你却完全不懂。承认自己不懂会伤害到自尊，与其承认这一点，还不如大胆说出这个讲座太“无聊”。并不是因为你自己太笨，而是这个话题让你感到无聊了。

这种逻辑适用于一系列的场景——歌剧很“无聊”（而不是承认不知所云），严肃类报纸很“无聊”（而不是承认自己不能看懂），学习西班牙语“无聊”（而不是发现这个年纪学起来好累），等等。无聊的标签消除了伤害自尊的威胁。青少年也很擅长这么做，尤其是在说上学很“无聊”的时候。

4. 为了表示缺乏存在感——你不想待在那里

青少年特别擅长使用无聊的这个技能！拖他们去一个家庭聚会或开车去看姑妈的新茶壶套，然后你就会发现——那张写满无聊的脸是怎样表示他们有多不情愿在那里。他们太想让父母知道：他们的人在那里，而心思却在别的地方。而除了摆出一张充分练习过的无聊的脸，他们也找不到其他跟父母沟通的方式了。

这种作用的关键点在于，虽然我可以同意（并不情愿地）跟你们一起出去，但是这种强有力的表情可以代表我其实宁愿自己不在那里——我的心在别的地方。也就是说，你可以拖着孩子去姑妈家，但孩子是绝对不会喝她的茶的。

框 **11－2**　无法掩饰无聊的总统女儿们

奥巴马在我们眼里是一位总统，但对于萨莎和玛利亚来说，他就是一位父亲——和其他家长一样无聊。在一次感恩节的总统“赦免”火鸡仪式上，这两位姑娘却“尴尬地扭动身体并翻白眼”——在他们的父亲努力搞笑的时候，她们却看起来百无聊赖。有媒体报道称，她们看起来“烦躁且兴致索然”，这是无聊的表现[2]。

5. 作为借口或者辩护[3]——例如不想参加社交或者需要休息

“这个任务太无聊了——我需要休息”这句话在很多场合都好用。无聊可以作为一种建立优越感的方式——“做这种事情远远没有体现我的重要性和聪明才智”。在我们想从某些事情中脱身去休息一会儿的时候，这种对无聊的表达可以给我们一个体面的理由——愿意做那些事情的人和我们之间是有差异的，例如“我需要一个人来把我的信打出来——我觉得打字太无聊了”。

无聊也是不去参加一些社交的合理借口。很多人都觉得那很无聊，所以表达无聊可以为我们的行为提供可信合理的理由。“我觉得去这些社交场合太无聊”是容易被接受的，但是“我不喜欢去这些场合，因为我从来都不知道说些什么”就显得我们有人格缺陷，而无聊能为我们掩盖这些。

6. 进化价值

无聊具有两个方面的进化价值。

第一个进化价值是对重复刺激的习惯化——如果对信息和刺激无法习惯化，我们的大脑就无法在处理所有信息的情况下运行。一位研究者很好地阐述了这个观点：“在多次接触某个刺激且没有得到正强化以后，对该刺激习惯化是有进化意义的。”也就是说，当某个刺激被证实既没有危险也不能带来奖励之后，我们对此失去兴趣是合理的，因为我们的注意力需要转到那些可能更有益的事物或者监控危险上去。

第二个进化价值在于我们对无聊的反应上：无聊的时候，我们会想要寻找新奇和刺激，这种反馈是有进化意义的。如果我们的祖先没有花时间去创新，那么火和轮子还会被发明出来吗？同样的，在今天，也是无聊促使我们去寻找新东西、开发新点子和发明新事物——所有这些对人类都是有益的。

7. 刺激幻想的产生，唤醒创造力[4]

无聊是一种矛盾的现象，因为它既能够扼杀创造力，也能够促进创造力。我在研究中发现，有些人认为无聊让他们无精打采，以至于什么都不想做；有1/4的人说无聊会让他们想睡觉（第二章）。但是，也有一小部分（20%）人称无聊让他们更有创造力（第二章）——有16%的人称工作时百无聊赖的状态能帮助他们产生新的想法（第九章）。所以，怎么会这样呢？无聊怎么会既能扼杀又能促进创造力呢？这取决于你体验到的无聊是哪一种（第一章），也取决于无聊的时候你是否会做白日梦。

框 **11－3**　无聊是创造发明的好时机——在监狱里

世界上应该再没有比监狱更无聊的地方了。本书讨论过监狱的无聊生活，但这种无聊也有好的一面。如果没有那样的环境，是否还能创造出以下这些经典作品呢？

- 马丁·路德·金博士因组织非暴力反种族歧视活动而入狱。《伯明翰狱中来信》（*Letter from a Birmingham Jail*）是他在亚拉巴马州监狱完成的。

- 欧·亨利（O Henry）原名威廉·西德尼·波特（William Sydney Porter），因账目问题而入狱。他在狱中写出了著名的短篇小说集。
- 米格尔·德·塞万提斯（Miguel de Cervantes）所写的《堂吉诃德》被认为是欧洲第一部现代小说，穿着闪亮盔甲的骑士是欧洲的英雄。塞万提斯在西班牙因债务问题而入狱，他在此期间完成了此剧作的一部分。
- 王尔德在狱中创作了《深渊书简》（De Profundis）。他因"猥亵男子"而入狱两年。
- 纳尔逊·曼德拉（Nelson Mandela）在27年的监狱生活中以书信和日记的形式写出了《与自己对话》(*Conversation With Myself*)一书。

另外，希特勒也是在监狱里完成《我的奋斗》的……

2011年，吉尼薇·贝尔（Genevieve Bell）提出无聊可以引起对"多样性"的搜索[5]。她认为无聊也可以促进创新。无聊的时候，我们会发现自己很难对当下的任务集中注意力，思绪也转换到那些更为刺激的事情上去。当身体无法逃脱当下的无聊任务时，我们的注意力就会从外部任务转换到内部焦点上，比如思想、感受和体验。这种心灵专注可以为我们提供一条寻找刺激感的新通道，包括用更好的新方法来执行任务[6]，或者思考一些比手头任务更有趣的问题。这种注意力的转换被称为"做白日梦"，是无聊的一种常见副产品[7]。已有研究发现，人们会用白日梦来缓解由无聊引起的紧张[8]，因此建议用白日梦来应对无聊带来的不适感[9]。

辛格（Singer）在 1975 年[10]把白日梦描述为“注意力从外部情境或问题，转换到对情境、记忆、图片、待解决问题、剧情或目标等的内部表征上”。尚克（Schank，1982 年）[11]提出白日梦是动态记忆的一部分。动态记忆是对一个问题或者未解场景重新审视时，重新评估信息和可能性解决方案的能力。白日梦可以给个体提供多次这种机会，对预留在脑中的问题以不同的方式重新审视，每一次都能加入新的信息和可能性解决方案。白日梦带来的好处就是，那些似乎不合逻辑的想法可以用那些看起来并不可行的方式去探索，通过这些探索，也许就能找到创新的或最合适的问题解决方案[9]。白日梦和创新之间的连接也就这么建立起来了。《新闻周刊》（2009）刊登的一篇文章讨论了这个主题，把白日梦描述成“对创新、深度思考和问题解决有利的大脑状态”[12]，能够产生“真正新奇的解决方案和想法”，因为白日梦状态中的大脑可以把不相关的事实和想法联系在一起。

我和我的学生丽贝卡·卡德曼（Rebekah Cadman）用一个研究来检验这种观点[13]。我们想知道无聊是否真的能让人更有创造力。我们通过让参与者抄写电话本上的电话号码而感受到无聊——这是我们能想到的最无聊的任务了。我们还让另外一组参与者大声读出电话号码。抄写任务有可能会影响白日梦，因为它会抑制走神的倾向。之前的研究发现，无聊的时候涂鸦会提高学生的认知表现，这是因为涂鸦干扰了白日梦[14]。

于是，我们给 170 名参与者不同的创新任务：例如，让他们想出塑料杯的各种用法（能够有无数种答案的发散性创新任务）和词语联想任务——给三个连续的刺激词，任务是结合这三个词语想出第四个词。例如，“MEASURE”“WORM”和“VIDEO”为刺激词时，答案是“TAPE”（tape measure，tape worm 和 video tape）。这是一种聚合思维任务，只有一个正确答案。

结果发现，在无聊任务之后进行创新任务的参与者，比没有无聊任务的参与者想出的答案更多。朗读组和抄写组的答案数量（聚合思维任务中是正确答案数量）也有很明显的差异，朗读组的数量更多。这也更加能够证明，无聊能帮助完成各种创新任务。像朗读这样的枯燥任务在某些情境下也会比抄写更有利于创新。这很可能是因为两种状态提供的白日梦的空间不同。

让行为更加积极

1. 行动的驱动力/催化剂

与上述结论相关的一个理念是无聊也有驱动作用。这可能是对这种看似消极的情绪的最强有力的辩护。哲学家尼采认为有创造力的个体“如果想要成功的话就得有很多无聊的时间”[15]，而专门研究无聊的专家盖林宣称“无聊是一种警示：事情还没有全部完成，还有很多事情需要去做”[16]。在这种意义上，无聊成为行动的催化剂[4]。它让我们去寻找挑战、发挥创造力、探寻新的方向。无聊能让我们继续举步前行，它成为一种驱动力，虽然这看起来有点自相矛盾。通过逃避无聊或者与无聊抗争，我们能把生活变得更好（后面会写怎么做）。

2. 自我反思的贡献者

有人认为，只有通过无聊，我们才能开始自省和反思。在我们忙忙碌碌或者过得很充实的时候，我们很少停下来审视自己的能力、态度和品质；只有处在无聊的闲暇中，我们才有时间去做这种自省。当然，前提是假设自省是一件好事，能让我们成为更好的人，有更好的思想、品质和态度等（详见框 11－4）。

框 **11－4**　无聊和自省

杰米感到很无聊。他上班的时候坐在电脑前盯着还没完成的报告。报告应该有 10 页长，而他只完成了 2 页——那还花了两天时间，喝了无数杯咖啡。思绪游荡时，他开始想其他的事情：午饭吃什么？要不要买那个心仪已久的新 DVD？对面工位的安吉拉喜欢我吗？接着他开始思考自己的工作、职业规划和在公司的地位……他开始想自己到底在做什么，坐在电脑前浪费时间写一篇原本只需要一天就能完成的报告。为什么要写那么久？为什么他觉得这个工作很无趣？他真的适合这样的工作吗？

杰米开始想怎样的工作他才会喜欢和享受，永远也不会觉得厌倦。他开始思考为什么有些任务会让他感到无聊，是不是工作上有趣的地方比无聊的地方多。他也想知道是不是应该离职——也许该找个更有趣的工作，他就不会像当下这么无聊了。或者他应该去学点儿新技术——也许是因为这篇报告对他来说太繁重了，所以他才会觉得无聊。

很多研究都支持了这个观点。研究发现那些更容易感到无聊的人也更多地进行自省[17]。考虑到自我反省与自我评价和自我批评之间的关系，这种观点就显得尤为正确了。有一个研究调查了很多学生，发现大部分学生认为无聊是有益的— 这种情绪最积极的部分在于它提供了思考和反省的机会[18]。

3. 鼓励亲社会行为

根据一篇研究 *Bored George Helps Others：A Pragmatic Meaning-Regulation Hypothesis on Boredom and Prosocial Behaviour*[19]，无聊可以鼓励人们搜寻利他的和表达同理心的方式，以及投入到亲社会活动中，尤其是那些较高难度的亲社会行为，例如给慈善机构捐款、做志愿者或者献血。该文章的合作者，利默里克大学的威诺德·凡·蒂尔堡（Wijnand van Tilburg）说："我们无聊的时候会觉得没有意义感，因此对有意义的活动特别渴望。亲社会行为给予我们想要的意义感。"通过七个实验的研究，研究者发现无聊能够增加亲社会动机，它对于积极行为影响的持续时间甚至超过了无聊活动本身。

希望此刻你已经相信了无聊的积极意义，但是怎样才能把无聊变成一种积极的、有活力的、创造性的力量呢？有两种类型的力量是可以被利用的：存在性无聊（人生本就是无聊的）或者特定任务的无聊（当下所做的事情很无聊）。

无聊，让你有机会重新审视世界

1. 以看待新世界的眼光看待身边的一切。你看到了什么？

以新的角度来观察这个世界。当孩子们发现云朵里面藏着动物的时候就是这么做的——他们看着天上的云，却看到了很多好玩的东西。我们也可以用这种宛如初见的眼光来看待自己生活的世界。为细节而感叹，寻找那些让你感到兴奋的事物（可以看第七章的“正念”部分）。在你去往的每一个地方寻找小而美的存在，并为之欢欣鼓舞。你怎么会觉得无聊呢？

2. 变得好奇。像你的孩子那样在万事万物中找到兴趣点。孩子很少感到无聊，因为他们对所有的东西都感到好奇——怎么会这样呢？如果我这么做的话会怎样？会不会和这个相关？它是用什么做的？好奇心能把最无聊的事情变得有趣。研究者们发现，好奇心不仅可以帮助我们记住那些我们好奇的东西，也可以帮助我们回忆起那些并不让我们好奇的东西。好奇可以让我们的大脑进入一种有利于记忆和学习的状态——帮助我们对那些看起来无聊的东西保持兴趣[20]。无聊本身也是有益的。*Curious? Discover the Missing Ingredient to a Fulfilling Life* 的作者陶德·卡什丹（Todd Kashdan）认为学习、成长和探索能让我们感到更幸福。

3. 和别人聊聊，了解他们的生活和职业。其他人过着超乎预料的有趣生活——如果我们愿意去探寻。

4. 学点新东西，发展新爱好。忙碌的时候很难觉得无聊。找到感兴趣的东西——满足你想要找点刺激的需求。可能是一些能带来额外刺激的冒险行为，极限运动通常是较为安全的选择。

5. 关掉电视。网络、脸书和游戏机也关掉。这些只能提供二维的刺激，而我们的大脑需要三维或者四维的刺激才能感到满足。只是用眼睛看看海滩无法引起我们所需的神经兴奋；我们需要闻到大海的味道、感受脚趾间的沙子、听到海鸥的叫声、尝到咸咸的空气。

6. 设立电子设备安息日——每周有一天“不插电”，关掉所有的电子设备。抛下所有的分心物，不再从屏幕里看世界，而是拥抱生活。更进一步，你可以进行一次数码排毒：把手机和电子设备留在家里，享受和自己在一起的时光。

框 11-5　数码排毒

数码排毒是一种趋势。越来越多的组织和个人开始看到数码安息日的价值，而且预计这种趋势会在今后的几年越来越流行。脸书创始人扎克伯格的姐姐兰迪·扎克伯格（Randi Zuckerberg）最近发起了“无数码周日”活动，她指出“与其说我们在占有电脑、手机或者平板电脑，还不如说是它们在占有我们”[21]。她在 2013 年的《每日邮报》上称自己已经停止那样的生活，每周一次的数码排毒帮助她重新调整这种平衡。

汽车制造商戴姆勒最近提出了“离开办公室”运动，员工度假时收到的邮件都会被自动删除[22]，让他们过一个不被打扰的假期，以此来激励员工。与此同时，有 1/4 的美国人都称自己会在度假的时候查邮箱[23]。另外有一些公司（例如英特尔英国公司，美国的 Cellular 和德勤）已经践行了多年“周五无邮件”[24]。

有 61%的美国游客会在度假时使用社交媒体[25]，在一项国际调查中，有 84%的人称他们度假时肯定会带着智能手机[26]，越来越多的人期待不被打扰的假期。77%的旅行者认为不带电子设备的旅行才能让他们真正感到自由[23]。《日本时报》在 2014 年 12 月报道，很多人去遥远的地方度假，却仍在被电子设备打扰，在日本，越来越多厌倦电子设备的人开始抛弃他们的电话和平板电脑，去过一个“数码排毒假期”[27]。由于那些身负重任的管理者觉得退出邮箱太难了，数码排毒寓所（例如加拿大北部露营、爱尔兰的都柏林威斯汀酒店）在全球越来越流行[23]。

7. 换工作。如果你在枯燥乏味的工作岗位上觉得太煎熬了，那就听听你内心里“无聊”发出的声音吧。在经济严峻的时代，能获得一份工作已经很令人满足了，能够体验到满足感并不是首要的需求。但在当下，换工作已经无伤大雅了。是因为工作内容太无聊吗？工作任务可以调整吗？一定要找一份新工作吗？你需要做些什么才能转换职业发展方向？

8. 无聊是在期待着一些“兴奋的”事情发生。它是对戏剧性的追求，是对身体感官体验的渴望。为了减少生活中的无聊，你需要通过安全的方式满足这些期待和渴望。引起一场暴乱肯定能给生活带来戏剧性，但是我们是在谈安全的、符合社会规范的行为。研究发现，投身于亲社会行为（帮助他人的行为）可以满足那些由无聊引起的刺激需求。所以，献血、在老人院做义工、探访病人、参加竞选、拯救世界……所有这些善举都可以去尝试。

9. 无聊就是无法接受此时此地的生活。无聊的人常常东张西望地盼望着有趣的事情发生。他们满怀期待地不停地切换频道，不仅是在看电视的时候如此，过生活的时候也是如此——他们经常更换爱人、衣服、车、手机和朋友，为了确定自己没有错过那些更让人兴奋的存在。广告商们就是利用这种对新奇的追求和对错过的恐惧，不停地提醒着我们错过了什么。我们可以把广告关掉，停止这种循环。学会对当下所拥有的一切感到满足，拒绝这山望着那山高的心态。

10. 回归自然。泰瑞莎·贝尔顿（Teresa Belton）教授是东英格利亚大学教育和终生学习学院的高级研究员。她认为“自然是无聊的克星”[28]，因为自然环境中的刺激不需要我们集中注意力就能感受到，而不像我们日常生活中的大多数刺激都需要我们付出努力去关注。在自然环境中，我们的思绪自然而然地开始流动，我们可以看鸟、动物、叶子或者花，享受那种温柔又轻盈的感觉，而不需要刻意的努力。如果你想要尝试，需要注意的是：因为太习惯于快速刺激，刚开始会感受到“文化冲突”。但一旦对自然这个慢世界开始感兴趣，我们就会开始适应并学着欣赏这种并没有那么刺激的环境，我们也就踏上了提高无聊阈值的道路。

无聊，是当下最奢侈的享受

1. 把无聊的时间（例如排队）当成是享受。我们生活在一个忙碌的世界，有时出去透一口气带来的快乐都值得热烈庆祝。利用在超市排队的时间，或者堵车的时间做些有用的事情：思考（我的研究中有超过一半的参与者都会在无聊的时候思考）、写购物清单、给一位朋友发短信、解决中东危机……任何对这段时间的创新利用都能减少无聊。

2. 回到“心流”状态。生活品质研究中心（Quality of Life Research Center，QLRC）的创始人米哈里·契克森米哈赖（Mihaly Csikszentmihalyi）[29]因提出创新能力中的“心流”而闻名。他把“心流”描述成“完全投入在所做的事情中……时间过得飞快……你的全部身心都投入其中，你把自己的能力发挥到极致”。在他的书《在无聊与焦虑之外》中，他对六组参与者进行动机研究，这些参与者爱好攀岩、创作、跳舞和下棋。他选择这些人是为了充分理解什么能让人离开电视机，投身于特别有挑战性或者没有外部奖励（例如写诗或下棋）的事情。他们都想要进入“心流”的状态，这就是他们的动机。全身心投入到所做的事情中，找到自己的心流。尽你所能地这样做——享受这个挑战的过程吧。

3. 从手头的任务中寻找乐趣，从而重新集中注意力。重复性的常规的任务更容易让人无聊。可以通过改变完成方式、分解任务或者关注目标来减少无聊感。无聊的时候会觉得自己做的事情没有意义，继而去寻找更有意义的事情（见框 11-6），所以从手头任务中找到一些有意义的存在吧。

框 11-6　无聊的克星不是有趣而是意义感

One Story Ministries 是美国 Pear Orchard Presbyterian 教堂的非营利出版部门。约翰·夸斯尼（John C.Kwasny）博士是这个组织的领导。为了对抗基督教儿童在主日学校感受到的无聊，他写了一个博客。虽然他所写的内容旨在进行宗教教育，但也可以应用到各种教育环境中。夸斯尼说在宗教学校里，有些老师想要把自己的课程变成“最令人兴奋”的课程[30]。这是件不可能做到的事情，外面的世界总能有更令人兴奋的选择。

夸斯尼认为无聊的克星并不是有趣，而是意义感。本书前面所描述的那些击鼓教书或者简化莎士比亚戏剧的方式可能疏忽了夸斯尼的观点（我倾向于认为他说的是很有道理的）。“在老师兴致勃勃地教学时，这种情绪也感染了孩子。这并不仅仅意味着讲更多笑话，或者跳一段舞，或者装傻”。这只是在教学材料中注入意义感，并且让孩子为之兴奋。

4. 改变风景。做一点改变或者休息都是好事。出去快走一会儿，惬意地休息一会儿，或者泡一会儿澡，可以帮助打破单调的生活，并且重新对手头的事情集中注意力。

5. 做完无聊的事情以后奖励自己一下。每半个小时给自己一个奖励，可以是休息、吃东西、聊天、发短信……甚至只是对趣味性的活动做一些安排规划。这就是普默克原则（Premack principle）[31]的操作方式——做喜欢的事情可以激励我们完成一些相对无聊的任务。

6. 排除干扰。无聊的时候，我们会频繁地搜寻刺激，以至于最轻微的干扰都可以吸引我们。在家对着一堆报告的时候，熨衣服就变成更有趣的事情。充分利用这条规律也能给你带来好处，例如把最无聊的事情安排在没那么无聊的事情后，没那么无聊的事情就会显得无比有吸引力！

7. 增加一些额外刺激。有时候，我们在做枯燥工作的同时，可以通过增加另一种维度的感官刺激来满足对刺激的追求。例如放音乐就可以满足这种需求，把电视开着当背景声音也是一样的——你的孩子把电视开着更有利于专心做作业，他们是对的！嚼口香糖对一些人来说也是一种不同维度的感官刺激——只要是对你有用的额外刺激都可以（工作环境中开着电视并不实际）。

结　语

读完这本书以后，你可能会觉得有点困惑。一方面，我全面阐述了无聊的阴暗面——所有在工作期间、闲暇时候和学校里体验到的与无聊相关的不悦。另一方面，我提出无聊是有益的，我们需要更多的无聊。所以，哪个才是无聊的真面目——不可避免的灾祸，还是美好的力量？

事实上，两面都是正确的。无聊过多是有害的，反之亦然。无聊是最复杂的情绪，为了减少它对生活的破坏，我们需要增加无聊的体验。如果你不想再这么无聊，那你需要变得再无聊一点。

本书从全方面提出，现在的社会痴迷于消除我们生活中的每一丝无聊，也意味着我们已经习惯于每时每刻都充满刺激的生活，我们的无聊阈值越来越低，于是也就越来越容易感到无聊了。越是无聊就越是想要用“垃圾食品”一般的电子设备来填满无聊（娱乐电子设备就像垃圾食品一样，易得但没有营养）。吃饱了垃圾食品，就意味着吃不下有营养的健康食品；用电子产品提供的被动刺激来打发无聊，就意味着我们无法参加那些能带来身心健康的积极的活动。所以无聊催生无聊。

解决方法就是让无所事事的时光回到我们的生活中。我们必须停止对自己和孩子的过度刺激，这样才能不再依赖快速变换的新奇刺激，才能不再被无聊所牵绊。我们需要减少对那些不健康饮食的渴望，开始享受闲暇时光带来的刺激。也就是说，我们要拥抱无聊，而不是害怕无聊。

我梦想有这样一个社会：人们会凝视天空，望向火车的窗外，关掉电子设备，不再给孩子吃垃圾食品，关掉电视和电脑，再次回到三维立体的世界。在这个社会里，我们无聊的时候就探索自己的思想和灵魂，甚至探索他人的思想和灵魂。我梦想着工作时间里能真正融入“停机时间”，我们可以扯断那些禁锢我们、让我们依赖被动刺激的虚拟绳索，用我们的创造力和想象力自由高飞。

无聊有意义。无所事事也有所裨益。

注释

引言

[1] Frostrup, Mariella, 'Luxury Travel: Simple Pleasures', Mariella Frostrup, The Times, 25 January 2014 (http://www.thetimes.co.uk/tto/public/article3985064.ece).

第一章 人们越来越容易无聊

[1] Eastwood, J. D., Cavaliere, C., Fahlman, S. A. and Eastwood, A. E. (2007) 'A Desire for Desires: Boredom and Its Relation to Alexithymia', Personality and Individual Differences 42, pp. 1035-45.

[2] 'Britons Bored for More Than Two Years of Their Lives', Daily Telegraph, 20 July 2009 (http://www.telegraph.co.uk/news/uknews/5868721/Britons-bored-for-more-than-two-years-of-their-lives.html).

[3] Anthony, Andrew 'One Big Yawn: Boredom is Not Just a State of Mind', Observer, 17 July 2011 (http://www.theguardian.com/books/2011/jul/17/boredom-peter-toohey-andrew-anthony).

[4] http://www.telegraph.co.uk/science-news/8160622/Computer-identifies-the-most-boring-day-in-history.html

[5] http://www.thestudentroom.co.uk/showthread.php? t=2522948&page=2

[6] Mann, S. (2006) 'Counting Window Panes: An Investigation into Boredom-reducing Strategies Used By Teachers and the Causes and

Consequences of Their Workplace Boredom', Presentation at the Annual Conference of the Division of Occupational Psychology of the British Psychological Society, Glasgow, January.

[7] Wallbott, H. G. (1998) 'Bodily Expressions of Emotion', European Journal of Psychology, 28, pp. 879 – 96.

[8] Gosline, Anna 'Bored?' Scientific American, 27 December 2007.

[9] Fisher, C. (1993) 'Boredom at Work: A Neglected Concept', Human Relations 46, pp. 395 – 417.

[10] Maslow, A. (1954) Motivation and Personality, Harper & Row, New York.

[11] James, W. (1884) 'What Is an Emotion?' Mind 9, pp. 188 – 205.

[12] Dutton, D. C. and Aron, A. P. (1974) 'Some Evidence for Heightened Sexual Attraction Under Conditions of High Anxiety, Journal of Personality and Social Psychology, 30, pp. 10 – 17.

[13] Schachter, S. and Singer, J. (1962) 'Cognitive, Social, and Physiological Determinants of Emotional State', Psychological Review 69, pp. 379 – 99.

[14] London & Monell 1974 in Damrad-Frye, Robin and Laird, James D. (1989) 'The Experience of Boredom. The Role of the Self-Perception of Attention', Journal of Personality and Social Psychology, vol. 57(2), pp. 315 – 20.

[15] Damrad-Frye, Robin and Laird, James D. (1989) 'The Experience of Boredom: The Role of the Self-perception of Attention', Journal of Personality and Social Psychology, vol. 57(2), pp. 315 – 20.

[16] Pekrun, Reinhard, Goetz, Thomas, Daniels, Lia M., Stupnisky, Robert H., Perry, Raymond P. (2010) 'Boredom in Achievement

Settings: Exploring Control-value Antecedents and Performance Outcomes of a Neglected Emotion, Journal of Educational Psychology, Vol 102 (3), Aug; pp. 531 –49.

[17] Hebb, D. O. (1996) A Textbook of Psychology, W. B. Saunders Company, London.

[18] Mikulas, W. and Vodanovich, S. (1993) 'The Essence of Boredom', The Psychological Record, 43, pp. 3 –12.

[19] Pilkington, Ed 'Bush's Great Ambition: Wealthy Boredom', Guardian, 3 September 2007.

[20] Csíkszentmihályi, Mihály (1990) Flow: The Psychology of Optimal Experience, Harper & Row, New York.

[21] Moran, Joe, 'The Ideas Corner: A Chronic Malady', New Statesman, 4 September 2006.

[22] Vodanovich, S. J., 'Psychometric Measures of Boredom: A Review of the Literature', The Journal of Psychology, 137:6 (2003), 569 –95.

[23] Goetz, Thomas, Frenzel, Anne C., Hall, Nathan C., Nett, Ulrike E., Pekrun, Reinhard, Lipnevich, Anastasiya A. (2014) 'Types of Boredom: An Experience Sampling approach', Motivation and Emotion, Volume 38, Issue 3, pp. 401 – 19.

[24] 'Boredom: An Emotional Experience Distinct from Apathy, Anhedonia, or Depression', Journal of Social and Clinical Psychology, Vol. 30, No. 6, pp. 647 –66.

[25] German, D(1), Latkin, C. A. (2012) 'Boredom, Depressive Symptoms, and HIV Risk Behaviors Among Urban Injection Drug Users', AIDS Behav., Nov; 16 (8): pp: 2244 –50.

[26] Barbalet, J. M. (1999) 'Boredom and Social Meaning', The

British Journal of Psychology, vol. 50. 4, pp. 631 -46.

[27] Van Tilburg, W. A. P. and Igou, E. R. (2012) 'On Boredom: Lack of Challenge and Meaning as Distinct Boredom Experiences', Motivation and Emotion, 36, pp. 181 -94.

[28] Van Tilburg, Wijnand A. P., Igou, Eric R. and Sedikides, Constantine 'In Search of Meaningfulness: Nostalgia as an Antidote to Boredom', Emotion, Vol. 13 (3), Jun 2013, pp. 450 -61.

第二章 寻找刺激与意义感

[1] Mann, S (2012) 'A Mars a Day Keeps the Boredom Away?', BPS Division of Occupational Psychology Annual Conference, Chester, January.

[2] Abramson, E. E. and Stinson, S. G. (1977) 'Boredom and Eating in Obese and Non-obese Individuals', Addictive Behaviours, 2(4), pp. 181 -5.

[3] 'Comfort and "Boredom"-eating Rife', Monday 23 August 2004 http://news.bbc.co.uk/1/hi/health/3590086.stm).

[4] Koball, A. M., Meers, M. R., Storfer-Isser, A., Domoff, S. E. and Musher-Eizenman, D. R. (2011) 'Eating When Bored: Revision of the Emotional Eating Scale With a Focus on Boredom', Health Psychology 31, pp. 521 -24.

[5] Abramson, Edward E., Stinson, Shawn G. (1977) 'Boredom and Eating in Obese and Non-obese Individuals', Addictive Behaviors, vol 2(4), pp. 181 -85. Publisher: Elsevier Science.

[6] Janko, M. Lozar Prolegomena (2014) 'Boredom with Husserl and Beyond', 13 (1): pp. 107 -121.

[7] Toohey P. (2012) Boredom-A Lively History, Yale University Press.

[8] Harmon, Katherine (2010) 'Addicted to Fat: Overeating May Alter the Brain as Much as Hard Drugs' 28 March. Scientific American (http://www.scientificamerican.com/article/addicted-to-fat-eating).

[9] Sullivan, S., Cloninger, C. R., Przybeck, T. R. and Klein, S. (2007) 'Personality Characteristics in Obesity and Relationship With Successful Weight Loss', International Journal of Obesity 31, pp. 669-74.

[10] Lovett, Richard (2005) 'Coffee: The Demon Drink?', New Scientist, Magazine issue 2518), 24 September.

[11] Kelly, Jon (2013) 'Coffee Addiction: Do People Consume Too Much Caffeine?', BBC News Magazine, 23 May (http://www.bbc.co.uk/news/magazine-22530625).

[12] Loke, Wing Hong (1988) 'Effects of Caffeine on Mood and Memory', Physiology & Behavior, vol. 44(3), pp. 367-72.

[13] Einöther, Suzanne J. L. (2013) 'Caffeine as an Attention Enhancer: Reviewing Existing Assumptions, Psychopharmacoloy, vol. 225(2), Jan., pp. 251-74.

[14] Spiegel, Alix (2009) 'Bored? Try Doodling to Keep the Brain on Task', 12 March (http://www.npr.org/templates/story/story.php?storyId=101727048).

[15] Francis, Mandy (2011) 'What Your Doodles Really Say About You', 12 September (http://www.dailymail.co.uk/femail/article-2036328/What-doodles-really-say-Arrows-ambition-flowers-family.html).

[16] Andrade, Jackie (2010) 'What Does Doodling Do?' Applied Cognitive Psychology vol. 24, Issue 1, pp. 100-06, January.

[17] http://www.musicworksforyou.com/news-and-charts/news/202-is-

music-a-legal-drug-that-improves-performance

[18] Ünal, Ayça Berfu, Steg, Linda and Epstude, Kai (2012) 'The Influence of Music on Mental Effort and Driving Performance', Accident Analysis and Prevention, vol. 48, Sept. pp. 271-8.

[19] Naish, John 'It's NOT a Sign of Boredom. It DOESN'T Boost Oxygen in the Brain. So Why DO We Yawn?' Daily Mail, 11 December 2011 (http://www.dailymail.co.uk/news/article-2072877/Its-NOT-sign-boredom-It-DOESNT-boost-oxygen-brain-So-DO-yawn-html).

[20] http://www.dailytech.com/Study+Workers+Spend+60+or+More+of+Day+Web+Surfing+for+Personal+Reasons/article29856.htm

[21] Websense, Inc. Web@Work (2006) (http:www.securitymanagement.com/archive/library/websense_technofile0906.pdf).

[22] Jaschik, Scott (2013) Texting in Class, 21 October (https://www.insidehighered.com/news/2013/10/21/study-documents-how-much-students-text-during-class).

[23] Pew Research Center (2011) 'Americans and Their Cell Phones', 15 August (http://www.pewinternet.org/2011/08/15/americans-and-their-cell-phones).

[24] Hunt, Daniel, Atkin, David and Krishnan, Archana (2012) 'The Influence of Computer-Mediated Communication Apprehension on Motives for Facebook Use', Journal of Broadcasting & Electronic Media, 56:2, pp. 187-202.

[25] Gross, Doug (2012) 'Have Smartphones Killed Boredom (And Is That Good)?', CNN, 26 September (http://edition.cnn.com/2012/09/25/tech/mobile/oms-smartphones-boredom).

[26] Zillmannb, Dolf (1984) 'Using Television to Alleviate Boredom and Stress: Selective Exposure as a Function of Induced Excitational States', Journal of Broadcasting, vol. 28, Issue 1, pp. 1 – 20.

[27] http://sleepfoundation. org/sleep-topics/drowsy-driving

[28] Massey, Ray (2007) 'Two Million Exhausted Drivers a Year Falling Asleep at the Wheel', 12 September (http://www. dailymail. co. uk/news/article-481469/Two-million-exhausted-drivers-year-falling-asleep-wheel. html).

[29] Gordon, Bryony (2002) 'In Hot Water? Have a Bath and Relax', Telegraph, 14 Oct (http://www. telegraph. co. uk/health/alternativemedicine/4711987/In-hot-water-Have-a-bath-and-relax. html).

[30] Mann, S. (2006) 'Counting Window Panes: An Investigation into Boredom-reducing Strategies Used by Teachers and the Causes and Consequences of Their Workplace Boredom', Presentation at the Annual Conference of the Division of Occupational Psychology of the British Psychological Society, Glasgow, January.

[31] BBC News Channel (2004) 'Teachers Reveal Exam Hall Games' (http://news. bbc. co. uk/1/hi/education/3742915. stm).

[32] Harvey, Joan, Heslop, Simon and Thorpe, Neil (2011) 'The Categorisation of Drivers in Relation to Boredom', Transportation Planning and Technology, June; 34(1): pp. 51 – 69.

[33] De Lacey, Martha (2013) 'Trying to Impress a Man? Steer Clear of the Sales. Men Get Bored Shopping After Just 26 MINUTES ... Women After 2 Hours', Daily Mail, 5 July (http: www. dailymail. co. uk/femail/article-2356781/Men-bored-just-26-MINUTES-shopping--women-2-hours. html).

[34] Grosser, Travis J., Lopez-Kidwell, Virginie, (Joe) Labianca, Gi-

useppe and Ellwardt, Lea (2012) 'Hearing It Through the Grapevine: Positive and Negative Workplace Gossip', Organizational Dynamics 41, pp. 52 – 61.

[35] Call Centre Helper. com (http://www.callcentrehelper.com/how-to-curb-call-centre-gossip-29989.htm).

[36] Webb, Jonathan (2014) 'Do People Choose Pain Over Boredom?', BBC News, 4 July (http://www.bbc.co.uk/news/science-environment-28130690).

第三章　我们决定找点事——无聊的消极影响

[1] Pelisek, Christine (2013) 'Inside the "Boredom" Killing That Has Shocked Oklahoma', 23 Aug (http://www.thedailybeast.com/articles/2013/08/23/inside-the-boredom-killing-that-has-shocked-oklahoma.html).

[2] Clemons, Steve (2013) 'We Were Bored... So We Decided to Kill Somebody', 20 August (http://www.theatlantic.com/national/archive/2013/08/we-were-bored-so-we-decided-to-kill-somebody/278858).

[3] U. S. News (2012) 'Disbelief in Some Quarters After NRA Calls For Armed Guards at Every School, Blames Movies', 21 Dec. (http://www.nbcnews.com/health/mental-health/boredom-blamed-murders-true-killing-impulse-f6C10963043).

[4] Connors, Bob (2010) 'Teens Killed Because They Were Bored: Judge', 2 December (http://www.nbcconnecticut.com/news/local/Teens-Killed-Because-They-Were-Bored-Judge-111189404.html).

[5] Roberts, Georgett, Cusma, Kathryn and Fredericks, Bob (2014) '"Bored" Teen Charged with Murder After Blaze Kills Cop', New York Post, 11 April (http://nypost.com/2014/04/011/bored-teen-

charged-with-murder-in-blaze-that-killed-cop).

[6] Wyff4. com (2014) 'GCSO: Suspects Killed Young Father Because They Were "Bored"', 22 May (http://www. wyff4. com/news/gcso-suspects-killed-young-father-because-they-were-bored/26103478).

[7] Wardell, Anne (2012) 'Boredom Didn't Make Injury Employer's Fault', 27 Aug (http://www. lawchat. com. au/index. php/boredom-didnt-make-injury-employers-fault).

[8] Rogers, Simon, Sedghi, Ami and Evans, Lisa 'UK Riots: Every Verified Incident – Interactive Map', Guardian, 11 August 2011.

[9] Johns, Lindsay (2012) 'The London Riots One Year On: What Still Needs to Change If We Are to Avoid a Repeat of Last Year', 6 Aug (http://www. dailymail. co. uk/debate/article-2184359/London-riots-year-What-needs-change--. html).

[10] Ross, Tim (2011) 'Rioting Teenagers "Were Bored in Long Summer Holiday"', Daily Telegraph, 29 Aug (http://www. telegraph. co. uk/news/uknews/8728524/Rioting-teenagers-were-bored-in-long-summer-holiday. html).

[11] Fox News (2001) 'Arson Investigators Say Boredom Spurred Most Suspects in Region's Wildfires', 16 Nov (http://www. foxnews. com/story/2001/11/16/arson-investigators-say-boredom-spurred-most-suspects-in-region-wildfires).

[12] BBC News (2008) 'Big Increase in Arson Attacks', 20 Aug (http://news. bbc. co. uk/1/hi/england/7572398. stm).

[13] Thalji, Jamal and Stanley, Kameel (2009) 'Police Say BoredomSparked Teens' St. Petersburg Arson Spree', Tampa Bay Times, 2 February 2009.

[14] Get Reading. co. uk (2011) 'Boredom to Blame for Attacks on

Bus', 22 June (http://www.getreading.co.uk/news/local-news/boredom-blame-attacks-bus-4212830).

[15] Sullivan, Gail (2014) '"Bored" Man Sentenced to 21 Months for Aiming Laser Pointer at Police Helicopter', Washington Post, 5 August (http://www.washingtonpost.com/news/morning-mix/wp/2014/08/05/bored-man-sentenced-to-21-months-for-aiming-laser-pointer-at-police-helicopter).

[16] Mercer, K. B. and Eastwood, J. D. (2010) 'Is Boredom Associated With Problem Gambling Behaviour: It Depends What You Mean By "Boredom"' International Gambling Studies, vol. 10 (1) pp. 91 – 104.

[17] Smith, R. W. and Preston, F. W. (1984) 'Vocabularies of Motives for Gambling Behaviour', Sociological Perspectives, 27, pp. 325 – 48.

[18] McNeilly, D. P. and Burke, W. J. (2000) 'Late Life Gambling: The Attitudes and Behaviours of Older Adults', Journal of Gambling Studies, 16, pp. 393 – 415.

[19] Boffey, Daniel (2006) 'Boredom Led to My Gambling, Says Rooney', Mail on Sunday, 22 July (http://www.dailymail.co.uk/news/article-397114/Boredom-led-gambling-says-Rooney.html).

[20] Bargdill, Richard (2000) 'The Study of Life Boredom', Journal of Phenomenological Psychology 31 (2): pp. 188 – 219.

[21] 'Boredom "Fuels Teen Alcohol Use"', 4 August 2009, BBC News (http://news.bbc.co.uk/1/hi/health/8181289.stm).

[22] St Clair, Jane 'Boredom and Substance Abuse: A Dangerous Combination' (http://www.crchealth.com/addiction/drug-addiction-rehab/drug-addiction-rehab-2/home-2/drug_addiction/boredom-sub-

stance-abuse-a-dangerous-combination).

[23] Jones, Cass (2013) 'Paul Gascoigne: Boredom Drove Me Back to Drink', Guardian, 21 March 2013 (http://www.theguardian.com/football/2013/mar/21/paul-gascoigne-alcohol-addiction).

[24] http://www.dailymail.co.uk/news/article-2583426/Drug-addict-dialled-999-begging-police-sent-prison-BORED-living-Church-Stretton.html

[25] Patoine, Brenda (2009) 'Desperately Seeking Sensation: Fear, Reward, and the Human Need for Novelty Neuroscience Begins to Shine Light on the Neural Basis of Sensation-Seeking' 13 October (http://www.dana.org/News/Details.aspx?id=43484).

[26] Ericson, John (2014) 'Extreme Sports Cause 40,000 Head And Neck Injuries Each Year: How Can Organizers And Parents Improve Safety?', Medical Daily, 16 March (http://www.medicaldaily.com/extreme-sports-cause-40000-head-and-neck-injuries-each-year-how-can-organizers-and-parents-improve).

[27] 'Hardwired for Thrills – Extreme Sports: Faster, Riskier, More Outrageous', Canadian Broadcasting Corporation Online Archives, 25 February 1998. (http://www.cbc.ca/archives/entry/extreme-sports-hardwired-for-thrills).

[28] Summit Post Org (2006) 'Living on the Edge: Extreme Sports and their Role in Society' (http://www.summitpost.org/living-on-the-edge-extreme-sports-and-their-role-in-society/214107).

[29] PageSix.com (2010) 'OJ Turns to Baseball Out of Boredom', 15 April (http://pagesix.com/2010/04/15/oj-turns-to-baseball-out-of-boredom).

[30] 'Report Says Castle Huntly Prisoners Bored Due to "Poor Quality of

Recreation"', Daily Record, 5 September 2012 (http://www.dailyrecord.co.uk/news/scottish-news/prison-inspector-worried-that-prisoners-are-bored-1304711).

[31] Ben's Prison Blog-Lifer on the Loose (http://prisonerben.blogspot.co.uk/2010/04/riot-and-reform.html).

[32] Morris, Steven (2013) 'Family of Murdered Prisoner Express Shock at Actions of "Bored" Inmates', 20 September (http://www.theguardian.com/uk-news/2013/sep/20/subhan-anwar-murder-prison-inmates).

[33] 'Drugs as Antidote to Prison Boredom', Herald Scotland, 24 August 1995 (http://www.heraldscotland.com/sport/spl/aberdeen/drugs-as-antidote-prison-boredom-1.665151).

[34] Johnson, Andrew 'Boredom, Drugs and Violence... The Reality of Cell Life in Pentonville Prison' Islington Tribune, 26 August (http://www.islingtontribune.com/news/2011/aug/boredom-drugs-and-violence-reality-cell-life-pentonville-prison).

[35] Press Association (2009) 'Police Surround HMP Ashwell After Riot By Prisoners', 11 April (http://www.theguardian.com/uk/2009/apr/11/hmp-ashwell-prison-riot-lockdown).

[36] Taylor, David (2013) 'Young Scot Locked Up For His Part in the World's Biggest Hacking Scandal Blames Life on Shetland For Driving Him to Cybercrime', Daily Record, 19 October (http://www.dailyrecord.co.uk/news/scottish-news/shetland-computer-hacker-blames-boredom-2468090).

[37] News.com.au (2011) '"Bored" Computer Hacker Given Suspended Sentence in District Court', 14 January (http://www.news.com.au/national/bored-computer-hacker-given-suspended-sentence-in-district-

court/story-e6frkp9-1225987235707).

[38] Copeland, Alexa (2012) 'Computer Equipment Seized From Home of Darlington 16-Year-Old Following Hacking Attempt', Northern Echo, 4 October (http://www.thenorthernecho.co.uk/news/9964294.Teenage_computer_hacker_in_police_raid).

[39] Campbell, Q., & Kennedy, D. M. (2009) Chapter 12: The Psychology of Computer Criminals. In Bosworth, et al. (Eds.), Computer Security Handbook, New York, NY: John Wiley & Sons, Inc.

[40] Dittrich, D. and Himma, K. E. (2006). Hackers, Crackers and Computer Criminals. In H. Bidgoli (Ed.), Handbook of Information Security, volume 2. New York, NY: John Wiley & Sons, Inc.

[41] Hoare, Rose (2012) 'Is Workplace Boredom "the new stress?"', CNN, 2 May (http://edition.cnn.com/2012/05/02/business/workplace-boredom-stress).

[42] Mann, S. (2006) 'Counting Window Panes: An Investigation into Boredom-reducing Strategies Used By Teachers and the Causes and Consequences of Their Workplace Boredom', Presentation at the Annual Conference of the Division of Occupational Psychology of the British Psychological Society, Glasgow, January.

[43] Mann, S. and Robinson, A. (2009) 'Boredom in the Lecture Theatre: An Investigation into the Contributors and Outcomes of Boredom Amongst University Students', British Educational Research Journal, 35 (2) pp. 243-58.

[44] Mann, S. (2012) 'Boredom at the Checkout: Causes, Coping Strategies and Outcomes of Workplace Boredom in a Supermarket Setting', Journal of Business and Retail Management Research, April

Vol. 6, Issue 2, pp. 1 – 14.

[45] Merrifield, C. 1., Danckert, J. (2014) ‘Characterizing the Psychophysiological Signature of Boredom Exp Brain Res’, Feb; 232 (2): pp. 481 – 91.

[46] Shelley, A., Fahlman, Kimberley B., Mercer, Peter Gaskovski, Adrienne E. Eastwood and John D. Eastwood (2009) ‘Does a Lack of Life Meaning Cause Boredom? Results from Psychometric, Longitudinal, and Experimental Analyses’, Journal of Social and Clinical Psychology: Vol. 28, No. 3, pp. 307 – 40.

[47] German, D. 1., Latkin, C. A. (2012) ‘Boredom, Depressive Symptoms, and HIV Risk Behaviors Among Urban Injection Drug Users’, AIDS Behav, Nov; 16(8): pp. 2244 – 50.

[48] Britton, Annie and Shipley, Martin J (2010) ‘Bored to Death?’, Int. J. Epidemiol. 39 (2): pp. 370 – 71. 49. Harrington, Suzanne (2013) ‘It's Official: We Get Bored After Two Years of Marriage’, Irish Examiner, 14 January (http://www.irishexaminer.com/lifestyle/features/humaninterest/its-official-we-get-bored-after-two-years-of-marriage-219463.html).

[50] ‘Middle-aged Women Missing Passion (and Sex) Seek Affairs, Not Divorce’, Phys Org News, August 2014 (http://phys.org/news/2014-08-middle-aged-women-passion-sex-affairs.html).

[51] Harasymchuk, Cheryl and Fehr, Beverley (2010) ‘A Script Analysis of Relational Boredom: Causes, Feelings, and Coping Strategies’, Journal of Social and Clinical Psychology: Vol. 29, No. 9, pp. 988 – 1019.

[52] Chaturvedi, Vinita, TNN (2014) ‘Are You Getting Bored in Your Marriage?’ The Times of India, l 2 Nov. (http://timesofindia.

indiatimes. com/life-style/relationships/man-woman/Are-you-getting-bored-in-your-marriage/articleshow/37702436. coms).

第四章 永不满足的需求——无聊的起因

[1] Voysey, Sheridan (2013) 'Terry Waite – Break My Body, Bend My Mind, But My Soul Is Not Yours to Possess', 24 April (http://www.hope1032. com. au/stories/open-house/terry-waite-you-can-break-my-body,-bend-my-mind,-but-my-soul-is-not-yours-to-possess).

[2] Svendsen 2005 in Martin, Marion, Sadlo, Gaynor and Stew, Graham (2006) 'The Phenomenon of Boredom', Qualitative Research in Psychology 3: 193 – 211 (p. 194).

[3] Eccles, Louise (2014) 'Stop Taking Food Snaps, Plead Chefs: French Restaurant Bans Cameras After Head Cook Complained About Diners Taking Pictures of Their Meals', Daily Mail, 17 February (http://www. dailymail. co. uk/news/article-2560940/Stop-taking-food-snaps-plead-chefs-French-restaurant-bans-cameras-head-cook-complained-diners-taking-pictures-meals. html).

[4] Bunzeck, Nico and Düzel, Emrah (2006) 'Absolute Coding of Stimulus Novelty in the Human Substantia Nigra/VTA', Neuron, vol. 51, issue 3, pp. 369 – 79, 3 August.

[5] Whitney, Lance (2012) 'Facebook "Boring" 1 in 3 Users Are Tuning It Out', CNET, 5 June (http://www. cnet. com/news/facebook-boring-1-in-3-users-are-tuning-it-out).

[6] Mimms, Christopher (2012) 'How the Internet Became Boring', MIT Technology Review, 5 June (http://www. technologyreview. com/view/428087/how-the-internet-became-boring).

[7] Thompson, Damian (2012) '"Electronic cocaine": A New Look at

Addiction to Computers', Telegraph, 21 June (http://blogs.telegraph.co.uk/news/damianthompson/100166830/electronic-cocaine-a-new-look-at-addiction-to-computers).

[8] Saunders, Doug (2014) 'Work? Leisure? It's All a Blur These Days', The Globe and Mail, 30 August (http://www.theglobeandmail.com/globe-debate/work-leisure-its-all-a-blur-these-days/article 20259972).

[9] Aguiar, Mark and Hurst, Erik (January 2006) 'Measuring Trends in Leisure: The Allocation of Time over Five Decades' (https://www.bostonfed.org/economic/wp/wp2006/wp0602.pdf).

[10] Khaleeli, Homa (2013) 'How to Get More Free Time in Your Day', Guardian, 7 June (http://www.theguardian.com/money/shortcuts/2013/jun/07/how-get-more-free-time).

[11] Vox Media (2015) '7 Charts That Show How Americans Spend Their Free Time' (http://www.vox.com/2014/4/11/5553006/how-americans-spend-their-time-in-6-charts).

[12] Haller, Max, Hadler, Markus and Kaup, Gerd (2013) 'Leisure Time in Modern Societies: A New Source of Boredom and Stress?', Social Indicators Research, April, Vol. 111, Issue 2, pp. 403-34 Date: 17 March 2012.

[13] Wang W. C. 1., Wu, C. C., Wu, C. Y. and Huan, T. C. (2012) 'Exploring the Relationships Between Free-time Management and Boredom in Leisure', Psychol Rep. Apr; 110 (2): pp. 416-26.

[14] Meeker, Mary (2015) 'Internet Trends 2015 - Code Conference', KPCB, 27 May (http://www.kpcb.com/internet-trends).

[15] van Tilburg, Wijnand, A. P., Igou, Eric R. and Sedikides,

Constantine (2013) 'In Search of Meaningfulness: Nostalgia as an Antidote to Boredom', Emotion, 13, (3), pp. 450 – 61.

[16] General Social Survey (2010) 'Overview of the Time Use of Canadians', Ottawa: Statistics Canada, 2011 (Cat. No. 89-647-X).

[17] Levine, Bruce E. (2012) 'Does TV Help Make Americans Passive and Accepting of Authority?', Alternet, 26 October (http://www.alternet.org/culture/does-tv-help-make-americans-passive-and-accepting-authority?page=0%2C2).

[18] Graham, Ian (2005) 'Television Viewing: Countries Compared', Nation-Master, 31 March (http://www.nationmaster.com/country-info/stats/Media/Television-viewing).

[19] Springen, Karen (1992) 'Hooking Up at the Big House', Newsweek, 6 January (http://www.newsweek.com/hooking-big-house-198794).

[20] Konnikova, Maria (2013) 'How Facebook Makes Us Unhappy', New Yorker, 10 September (http://www.newyorker.com/tech/elements/how-facebook-makes-us-unhappy).

[21] Damrad-Frye, R. and Laird, J. D. (1989) 'The Experience of Boredom: The Role of the Self-perception of Attention', J Personality Social Psych 57 (2): pp. 315 – 20.

[22] Focus Manifesto (http://focusmanifesto.com/the-age-of-distraction).

[23] Van Tilburg, W. A. P. and Igou, E. R. (2012) 'On Boredom: Lack of Challenge and Meaning as Distinct Boredom Experiences', Motivation & Emotion, 36, pp. 181-94.

[24] Stephens, Sam (2014) 'How I Quit My High-Paying Job to Pursue My Dream', Huffington Post, 3 December (http://www.huffing-

tonpost. com/sam-stephens/how-left-my-finance-job-for-dream _ b _ 4602096. html).

[25] HeraldScotland (2014) 'Facebook and Twitter: We May Love Them, But They Make Us Feel Inadequate and Ugly', 25 July (http://www. heraldscotland. com/news/home-news/facebook-and-twitter-we-may-love-them-but-they-make-us-feel-inadequate-and-ugly. 1406270293).

[26] 'Britons Can't Switch Off From Work When On Holiday', Daily Telegraph, 21 October 2013 (http://www. telegraph. co. uk/finance/jobs/10393412/Britons-cant-switch-off-from-work-when-on-holiday. html).

[27] Doughty, Steve (2013) 'So Much For a New Lease of Life!' Daily Mail, 14 November (http://www. dailymail. co. uk/news/article-2507404/Joy-retirement-wears-just-TEN-MONTHS-bickering-day-time-TV-toll. html).

[28] White, Steve (2014) 'Great-grandmother Aged 76 Went On Four-Year Shoplifting Spree Because She Was "Bored" of Being Old', Mirror, 28 January (http://www. mirror. co. uk/news/weird-news/june-humphreys-crewe-went-four-year-3086703).

[29] '100-Year-Old Man Continues to Work After "Boring" Retirement', BBC Essex, 29 January 2013 (http://www. bbc. co. uk/news/uk-england-essex-21246855).

第五章　无聊倾向是一种人格特质

[1] Geen, Russell G. (1984) 'Preferred Stimulation Levels in Introverts and Extroverts: Effects on Arousal and Performance', Journal of Personality and Social Psychology, Vol. 46 (6), Jun, pp. 1303 - 12.

[2] Richard P. Smith (1981) 'Boredom: A Review', Human Factors: The Journal of the Human Factors and Ergonomics Society 23: 329.

[3] Schubert, Daniel S. (1978) 'Creativity and Coping with Boredom, Psychiatric Annals, vol. 8(3), Mar, pp. 46 – 54.

[4] Drory, A. (1982) 'Individual Differences in Boredom Proneness and Task Effectiveness at Work', Personnel Psychology, 35, pp. 141 – 151.

[5] Crocker, T. (2004) 'Underachievement: Is Our Vision Too Narrowed and Blinkered? Fools Step In Where Angels Fear to Tread', Gifted, 131: pp. 10 – 14.

[6] Smith, P. C. (1955) 'The Prediction of Individual Differences in Susceptibility to Industrial Monotony', Journal of Applied Psychology, 39, pp. 322 – 29.

[7] Hill, A. B. (1975) 'Work Variety and Individual Differences in Occupational Boredom', Journal of Applied Psychology, 60, pp. 129 – 31.

[8] Zondag H. J. (2013) 'Narcissism and Boredom Revisited: An Exploration of Correlates of Overt and Covert Narcissism Among Dutch University Students', Psychol Rep., Apr; 112(2): pp. 563 – 76.

[9] Gana, Kamel, Troulllet, Raphael, Martin, Bettina and Toffart, Leatitia (2001) 'The Relationship Between Boredom Proneness and Solitary Sexual Behaviors in Adults', Social Behavior and Personality: An International Journal, vol. 29, no. 4.

[10] Vodanovich, S. J. and Kass, S. J. (1990) 'A Factor Analytic Study of the Boredom Proneness Scale, Journal of Personality Assessment, 55, pp. 115 – 23.

[11] Watt, J. D. 1. and Vodanovich, S. J. (1999) 'Boredom

Proneness and Psychosocial Development', Psychol., May; 133 (3): pp. 303 - 14.

[12] Gosaline, Anna (2007) 'Bored to Death: Chronically Bored People Exhibit Higher Risk-Taking Behavior', Scientific American, 26 February (http://www. scientificamerican. com/article/the-science-of-boredom).

[13] LePera, Nicole (2011) 'Relationships Between Boredom Proneness, Mindfulness, Anziety, Depression, and Substance Use', Psychology Bulletin, vol. 8, no. 2.

[14] Blaszcynski, A., McConaghy, N. and Frankova, A, (1990) 'Boredom Proneness in Pathological Gambling', Aug; 67(1): pp. 35 - 42.

[15] Mann, S. and Robinson, A. (2009) 'Boredom in the Lecture Theatre: An Investigation into the Contributors and Outcomesof Boredom Amongst University Students', British Educational Research Journal, 35 (2) pp. 243 - 58.

[16] Gana, Kamel, Deletang, Benedicte and Metais, Laurence (2000) 'Is Boredom Proneness Associated with Introspectiveness?', Social Behavior and Personality: An International Journal, Vol. 28, No. 5, 1 January.

[17] Malkovsky, E. 1., Merrifield, C., Goldberg, Y. and Danckert, J. A. (2012) 'Exploring the Relationship Between Boredom and Sustained Attention', J. Exp Brain Res, Aug; 221(1): pp. 59 - 67.

[18] Rupp, D. and Vodanovich, S. J. (1997) 'The Relationship Between Boredom Proneness and Self-reported Anger and Aggression', Journal of Social Behavior and Personality, 12, pp.

925 – 36.

[19] Sommers, J. and Vodanovich, S. J. (2000) 'Boredom Proneness: Its Relationship to Psychological and _Physical Health Symptoms', J. Clin. Psychol., 56: pp. 149 – 55.

[20] Danckert, J. A. and Allman, A. A. (2005) 'Time Flies When You're Having Fun: Temporaral Estimation and the Experience of Boredom', Brain and Cognition, 59, pp. 236 – 45.

[21] Robinson, Joe (2010) 'Don't Curb Your Enthusiasm: The Problem With Being Cool', Huffington Post, 13 October (http://www.huffingtonpost.com/joe-robinson/are-cool-people-more-inse_b_757462.html).

[22] von Hahn, Karen (2014) 'Style With a Sneer: Models Stalk Down Runway Looking Surly', The Star.com, 16 April (http://www.thestar.com/life/2014/04/16/style_with_a_sneer_models_stalk_down_run_way_looking_surly.html).

[23] Branch, Shelly (2004) 'Forget Standing Tall, Female Models Make Slouching Look Good', Wall Street Journal, 30 September (http://online.wsj.com/articles/SB109648714805031561).

第八章　刺激陷阱："狂躁一代"和无聊

[1] Hobel, C. J., Goldstein, A. and Barrett, E. S. (2008). 'Psychosocial Stress and Pregnancy Outcome', Clinical Obstetrics and Gynecology 51(2), pp. 333 – 48.

[2] Binoche, Jill (2015) 'Make Baby Smarter in the Womb', Smart Babies, 1 February (http://www.smartbabynews.org/make-baby-smarter-in-the-womb).

[3] Rauscher, Frances H., Shaw, Gordon L. and Ky, Catherine N.

(1993) 'Music and Spatial Task Performance', Nature 365 (6447): 611.

[4] Hughes, Jane (1999) 'World: Americas: The Mozart Effect Debunked', BBC News, 9 September (http://news. bbc. co. uk/1/hi/world/americas/442347. stm).

[5] Crone, Jack (2001) 'Will the Librarian PLEASE Keep the Noise Down! Anger Over Silence in Libraries Being Shattered By Creches, Concerts and Dance Classes Held to Attract More Visitors', Daily Mail, 8 November.

[6] Lang, Heide (2005) 'The Trouble With Day Care', Psychology Today, 1 May (http://www. psychologytoday. com/articles/200505/the-trouble-day-care).

[7] Macrae, Fiona (2011) 'Putting Baby in Nursery "Could Raise Its Risk of Heart Disease" Because It Sends Stress Levels Soaring', Mail Online, 12 September (http://www. dailymail. co. uk/health/article-2036266/Putting-baby-nursery-raise-heart-disease-risk-sends-stress-levels-soaring. html).

[8] McDonough, P. 'TV Viewing Among Kids at an Eight-year High', Nielsenwire, 26 October 2009 (available at: http://blog. nielsen. com/nielsenwire/media _ entertainment/tv-viewing-among-kids-at-an-eight-year-high).

[9] Rideout, V. J., Foehr, U. G. and Roberts, D. F. 'Generation M2: Media in the Lives of 8- to18-year-olds', Kaiser Family Foundation, January 2010 (http://www. kff. org/entmedia/upload/8010. pdf).

[10] Levy, Andrew (2013) 'Parents' Anxieties Keep Children Playing Indoors: Fears About Traffic and Strangers Leading to 'Creeping Disappearance' of Youngsters From Parks', Daily Mail, 7 August (ht-

tp://www. dailymail. co. uk/news/article-2385722/Parents-anxieties-children-playing-indoors-Fears-traffic-strangers-leading-creeping-disappearance-youngsters-parks. html).

[11] 'Parents Admit to "Using TV as Babysitter"', BBC News, 9 May 2011 (http://www. bbc. co. uk/news/education-13308737).

[12] 'Children and Watching TV', Facts for Families, December 2011 (http://www. aacap. org/AACAP/Families_and_Youth/Facts_for_Families/Facts_for_Families_Pages/Children_And_Wat_54. aspx).

[13] Commonsense (2012) 'Entertainment Media Diets of Children and Adolescents May Impact Learning' (https://www. commonsensemedia. org/about-us/news/press-releases/entertainment-media-diets-of-children-and-adolescents-may-impact).

[14] 'How Teens Do Research in the Digital World', Pew Research Center, 1 November 2012 (http://www. pewinternet. org/2012/11/01/how-teens-do-research-in-the-digital-world).

[15] Christakis, Dimitri A., Zimmerman, Frederick J., DiGiuseppe, David L. and McCarty, Carolyn A. (2004) 'Early Television Exposure and Subsequent Attentional Problems in Children', Pediatrics Vol. 113, No. 4, 1 April, pp. 708 – 13.

[16] Swing, Edward L., Gentile, Douglas A., Anderson, Craig A. and Walsh, David A. (2010) 'Television and Video Game Exposure and the Development of Attention Problems', Pediatrics; 126; 214.

[17] Anderson, D. R., Levin, S. R., Lorch, E. P. (1977) 'The Effects of TV program Pacing on the Behavior of Preschool Children', AV Commun Rev.; 25(2):159 – 66.

[18] Schumann, Rebecca (2013) 'Fisher Price Baby Seat Recalled? "Electronic Babysitter" iPad Product Recall Requested By Parents, Peti-

tion Issued By CCFC', International, 11 December (http://www.ibtimes.com/fisher-price-baby-seat-recalled-electronic-babysitter-ipad-product-recall-requested-parents-petition).

[19] Schurgin O'Keeffe, Gwenn, Clarke-Pearson, Kathleen and Council on Communications and Media (2011) 'Clinical Report: The Impact of Social Media on Children, Adolescents, and Families Pediatrics', published online, 28 March 2011 (http://www.longislandweb.com/peachykeen/pdf/PediatricsClinicalRpt..ImpactOfSocialMedia.pdf).

[20] Williams, Rhiannon (2014) 'Children Using Social Networks Underage "Exposes Them to Danger"', Daily Telegraph, 6 February (http://www.telegraph.co.uk/technology/news/10619007/Children-using-social-networks-underage-exposes-them-to-danger.html).

[21] 'Study: Tablets, Smartphones are the New Electronic Babysitters', CBS New York, 29 October 2013 (http://newyork.cbslocal.com/2013/10/29/study-tablets-smartphones-are-the-new-electronic-babysitters).

[22] Goldberg, Stephanie (2010) 'Parents Using Smartphones to Entertain Bored Kids', Special to CNN, 27 April (http://edition.cnn.com/2010/TECH/04/26/smartphones.kids).

[23] 'Tablets: The Electronic Babysitter', Computer Business Review, 9 August 2013 (http://www.cbronline.com/news/mobile-and-tablets/tablets-the-electronic-babysitter).

[24] 'After-School Activities: Dubai Kids Discover Antidote to After-School Boredom', Mathnasium, 18 February 2014 (http://mathnasium.ae/school-activities-dubai-kids-discover-antidote-school-boredom).

[25] 'The Cost of After-School Activities in the UK: How Much Do Parents Spend?', Maths Doctor, September 2014 (http://www.

mathsdoctor. co. uk/after-school/report).

[26] Odone, Cristina (2013) 'Children Need Warmth, Not the Cruelty of "Hothousing"', Daily Telegraph, 3 March (http://www. telegraph. co. uk/education/9906487/Children-need-warmth-not-the-cruelty-of-hothousing. html).

[27] Edgar, James (2014) 'Give Your Child Time to Be Bored, Pushy Parents are Urged', Telegraph, 7 January (http://www. telegraph. co. uk/education/educationnews/10556523/Give-your-child-time-to-be-bored-pushy-parents-are-urged. html).

[28] 'Overscheduled Child May Lead to a Bored Teen', WebMDArchive (http://www. webmd. com/parenting/features/overscheduled-child-may-lead-to-bored-teen? page=3).

[29] Richardson, Hannah (2013), 'Children Should Be Allowed to Get Bored, Expert Says', BBC News, 23 March (http://www. bbc. co. uk/news/education-21895704).

[30] Davies, Emily (2014) 'Why Boredom is Good for Children: Quiet Time Can Prepare Youngsters for Dull Moments in Adulthood', Daily Mail, 8 January (http://www. dailymail. co. uk/news/article-2535675/Why-boredom-good-children-Quiet-time-prepare-youngsters-dull-moments-adulthood. html).

[31] Collier, Edward (2010) 'The Importance of Being Bored', Guardian, 30. July (http://www. theguardian. com/commentisfree/2010/jul/30/bored-children-boredom-parents).

第七章 多动和自闭陷阱：世界、无聊和我

[1] Lilienfeld, Scott O. and Arkowitz, Hal 'Are Doctors Diagnosing Too Many Kids with ADHD? Scientific American, 11 April 2013 | (ht-

tp://www. scientificamerican. com/article/are-doctors-diagnosing-too-many-kids-adhd).

[2] Berger, Sarah (2012) 'A Look into the Rise of ADD and ADHD', Harbinger Online, 5 March (http://smeharbinger. net/features/a-look-into-the-rise-of-add-and-adhd).

[3] Schwarz, Alan (2013) 'The Selling of Attention Deficit Disorder', The New York Times, 14 December (http://www. nytimes. com/2013/12/15/health/the-selling-of-attention-deficit-disorder. html? pagewanted = all&_r = 0).

[4]—and Cohen, Sarah (2013) 'A. D. H. D. Seen in 11% of U. S. Children as Diagnoses Rise', The New York Times, 31 March (http://www. nytimes. com/2013/04/01/health/more-diagnoses-of-hyperactivity-causing-concern. html? pagewanted = all&_r = 0).

[5] Dimitri A., Christakis, Frederick J., Zimmerman, David L. and DiGiuseppe, Carolyn A. McCarty (2004) 'Early Television Exposure and Subsequent Attentional Problems in Children', PediatricsVol. 113, No. 4, 1 April, pp. 708 – 13.

[6] Robinson, Belinda (2014) 'Doctors Say Parents and Schools are Pushing Them to Label Children Who are Just Shy or Bookish as Mentally Ill', Daily Mail, 21 June (http://www. dailymail. co. uk/news/article-2664374/Doctors-say-parents-schools-pushing-label-children-just-shy-bookish-mentally-ill. html#ixzz3MuYzPV4M).

[7] McKinstry, Leoo (2013) 'Why a Diagnosis of ADHD is Welcomed By Some Parents', Daily Express, 15 August (http://www. express. co. uk/comment/columnists/leo-mc kinstry/422158/Why-a-diagnosis-of-ADHD-is-welcomed-by-some-parents).

[8] Friedman, Richard A. (2014) 'A Natural Fix for A. D. H. D.', The

New York Times, 31 October (http://www. nytimes. com/2014/11/02/opinion/sunday/a-natural-fix-for-adhd-html).

[9] Wedge, Marilyn (2012) 'Why French Kids Don't Have ADHD' (2012), Psychology Today, 8 March (https://www. psychologytoday. com/blog/suffer-the-children/201203/why-french-kids-dont-have- adhd).

[10] Eisenberg, Kenya D., Campbell, B., Gray, P. and Sorenson, M. (2008) 'BMC Dopamine Receptor Genetic Polymorphisms and Body Composition in Undernourished Pastoralists: An Exploration of Nutrition Indices Among Nomadic and Recently Settled Ariaal Men of Northern', Evolutionary Biology 8 (1), 173.

[11] Poppy, L. A. Schoenberga, C, Sevket Hepark, B., Cornelis, C. Kanb, Henk P. Barendregta, Jan K. Buitelaarb, C., Anne, E. M. and Speckens, B., 'Effects of Mindfulness-based Cognitive Therapy on Neurophysiological Correlates of Performance Monitoring in Adult Attention-Deficit/Hyperactivity Disorder), Clinical Neurophysiology Volume 125, Issue 7, July, pp. 1407 – 16.

[12] Bögels, Susan M., Peijnenburg, Dorreke and van der Oord, Saskia (2012) 'The Effectiveness of Mindfulness Training for Children with ADHD and Mindful Parenting for Their Parents', J Child Fam Stud. Feb; 21(1): pp. 139 – 47.

[13] Zylowska, Lidia, Ackerman, Deborah L., Yang, May H., Futrell, Julie L., Horton, Nancy L, Hale, T. Sigi, Pataki, Caroly and Smalley, Susan L. (2008) 'Mindfulness Meditation Training in Adults and Adolescents With ADHD: A Feasibility Study', Journal of Attention Disorders vol. 11, no. 6, pp. 737 – 46.

[14] Travis, Frederick, Grosswald, Sarina and Stixrud, William (2011)

'ADHD, Brain Functioning, and Transcendental Meditation Practice', Mind & Brain, The Journal of Psychiatry, vol 2, no 1, pp. 73 – 81.

[15] Maharishi University of Management (2011) 'New Study Shows Transcendental Meditation Improves Brain Functioning in ADHD Students', EurekAlert!, 26 July (http://www.eurekalert.org/pub_releases/2011-07/muom-nss072611.php).

[16] Golden, G. K. and Hill, M. A. (1994) 'Only Sane: Autistic Barriers in "Boring" Patients', Clinical Social Work Journal 22 (1) pp. 9 – 26.

[17] Biever, Celeste (2006) 'Device Warns You If You're Boring or Irritating', New Scientist, 29 March (http://www.newscientist.com/article/mg19025456.500-device-warns-you-if-youre-boring-or-irritating.html).

[18] Roth, Mark (2013) 'TSA May Have the Perfect Job for Autistic Workers', Pittsburgh Post-Gazette, 9 October (http://www.post-gazette.com/news/health/2013/10/09/TSA-may-have-the-perfect-job-for-autistic-workers/stories/201310090039).

[19] Szalavitz, Maia (2014) '"Resting" Autism Brains Still Hum With Activity', Simons Foundation Autism Research Initiative, 21 February (http://sfari.org/news-and-opinion/blog/2014/resting-autism-brains-still-hum-with-activity).

[20] WebMD Archive 'Autism Cases on the Rise; Reason for Increase a Mystery' (http://www.webmd.com/brain/autism/searching-for-answers/autism-rise? page = 2).

[21] Magee, Anna (2012) 'Husband a Right Old Grump? He Could Be One of Thousands Who Have Asperger's Without Realising', Daily

Mail, 5 June (http://www.dailymail.co.uk/health/article-2154689/Husband-right-old-grump-Aspergers-Thousands-realising.html).

第八章 学习陷阱：为什么学习越来越没劲？

[1] High School Survey of Student Engagement, 2009 (http://ceep.indiana.edu/hssse/images/HSSSE_2010_Report.pdf).

[2] 'Most Teens Associate School With Boredom, Fatigue', Gallup, 8 June 2004 (http://www.gallup.com/poll/11893/most-teens-associate-school-boredom-fatigue.aspx).

[3] 'The Silent Epidemic', Bill & Melinda Gates Foundation (https://docs.gatesfoundation.org/Documents/TheSilentEpidemic3-06FINAL.pdf).

[4] Bryner, Jeanna (2007) 'Most Students Bored at School', Livescience, 28 February (http://www.livescience.com/1308-students-bored-school.html).

[5] OECD Indicators (2002) (http://www.keepeek.com/Digital-Asset-Management/oecd/education/education-at-a-glance-2002/the-learning-environment-and-organisation-of-schools_eag-2002-6-en#page1).

[6] Education in Japan Community Blog (https://educationinjapan.wordpress.com/edu-news/boredom-main-reason-for-pte-school-exodus).

[7] Daschmann, EC1, Goetz, T. and Stupnisky, R. H. (2011). 'Testing the Predictors of Boredom at School: Development and Validation of the Precursors to Boredom Scales', Br J Educ Psychol., Sep; 81(Pt 3):421 – 40.

[8] 'School: It's Way More Boring Than When You Were There', Salon.com (2011) (http://www.salon.com/2011/09/14/denvir_school).

[9] Paton, Graeme (2010) 'Schools Using Dance and Fashion to Get Bored Pupils Interested in Maths', Daily Telegraph, 15 January (http://www. telegraph. co. uk/education/educationnews/6990115/Schools-using-dance-and-fashion-to-get-bored-pupils-interested-in-maths. html).

[10] Preckel, F. 1., Götz, T. and Frenzel, A. (2010) 'Ability Grouping of Gifted Students: Effects on Academic Self-concept and Boredom', Br J Educ Psychol Sep; 80(Pt 3):451 – 72.

[11] Vogel-Walcutt, Jennifer J., Fiorella, Logan, Carper, Teresa and Schatz, Sae (2012) 'The Definition, Assessment, and Mitigation of State Boredom Within Educational Settings: A Comprehensive Review', Educational Psychology Review, March, Volume 24, Issue 1, pp. 89 – 111.

[12] Fisher, Anna V., Godwin, Karrie E. and Seltma, Howard (2014) 'Visual Environment, Attention Allocation, and Learning in Young Children When Too Much of a Good Thing May Be Bad', Psychological Science, July, vol. 25, no. 7, pp. 1362 – 70.

[13] Sparks, Sarah D. (2012) 'Researchers Argue Boredom May Be a "Flavor of Stress"', Education Week 32 (7), 10 October.

[14] EuropArchive. org (http://collection. europarchive. org/tna/20040722012352/http://partners. becta. org. uk/upload-dir/downloads/page_documents/research/harnessing_technology_schools_survey07. pdf).

[15] 'Leveraging Interactive Whiteboards as a Core ClassroomTechnology (http://downloads01. smarttech. com/media/sitecore/en/pdf/research_library/k-12/leveraging_ibws. pdf).

[16] Stewart, William (2014) 'Pedagogy- "Disillusioned" Teachers

Bored by Chalk and Talk' , TES magazine, 24 January (https://www. tes. co. uk/article. aspx? storycode = 6395637).

[17] Goff, Hannah (2007) 'Too Much Technology in the Classroom?' , BBC News Education, 15 January (http://news. bbc. co. uk/1/hi/education/6241517. stm).

[18] Paton, Graeme (2012) 'Ofsted: Mixed-ability Classes "A Curse" on Bright Pupils' , Daily Telegraph, 20 September (http://www. telegraph. co. uk/education/educationnews/9553764/Ofsted-mixed-ability-classes-a-curse-on-bright-pupils. html).

[19] Boaler, Jo, Stanford University, California; Wiliam, Dylan, King's College London and Brown, Margaret, King's College London '40 Students' Experiences of Ability Grouping—Disaffection, Polarisation and the Construction of Failure (http://www. nottingham. ac. uk/csme/meas/papers/boaler. html).

[20] Shepherd, Jessica (2012) 'Dividing Younger Pupils By Ability Can Entrench Disadvantage, Study Finds' , Guardian, 9 February (http://www. theguardian. com/education/2012/feb/09/dividing-pupils-ability-entrench-disadvantage).

[21] Kanevsky, L. and Keighley, T. (2003) 'To Produce Or Not to Produce? Understanding Boredom and the Honor In Underachievement' , Roper Review, 0278-3193 26 (1).

[22] Fallis, R. K. and Optotow, S. (2003) 'Are Students Failing Schools Or Are Schools Failing Students? Class Cutting in High School' , Journal of Social Issues, Vol. 59 (1) pp. 103 – 19.

[23] Curtis, Polly (2009) 'Ofsted's New Mission-To Get Rid of Boring Teachers' , Guardian, 5 January (http://www. theguardian. com/education/2009/jan/05/ofsted-boring-teachers).

[24] Marshall, Konrad (2013) 'Burnout Hits One in Four Teachers', TheAge, 6 October (http://www.theage.com.au/victoria/burn-out-hits-one-in-four-teachers-20131005-2v13y.html).

[25] 'Obama Says Too Much Testing Makes Education Boring; Sees Tests As Punishment', CNS News, 29 March 2011 (http://cnsnews.com/news/article/obama-says-too-much-testing-makes-education-boring-sees-tests-punishment).

[26] 'Finland: Typing Takes Over as Handwriting Lessons End', BBC News, 21 November 2014 (http://www.bbc.co.uk/news/blogs-news-from-elsewhere-30146160).

[27] Schank, Roger C. (2012) 'Why Kids Hate School — Subject By Subject' Washington Post, 7 September (http://www.washington-post.com/blogs/answer-sheet/post/why-kids-hate-school--subject-by-subject/2012/09/06/0bflacc4-f5d6-11e1-8398-0327ab83ab91_blog.html).

[28] 'Classroom Maths Irrelevant to Workplace' (http://www.news.com.au/national/queensland/classroom-maths-irrelevant-to-work-place-says-professor-ian-chubb/story-fnii5v6w-1227164607227).

[29] Paton, Graeme (2013) 'Teachers Should "Ignore Shakespeare's Boring Scenes"', Daily Telegraph, 3 May (http://www.telegraph.co.uk/education/educationnews/10035821/Teachers-should-ignore-Shakespeares-boring-scenes.html).

[30] Hodges, Lucy (2004) 'Another Boring Lecture...', Independent, 9 September.

[31] Mann, S. and Robinson, A. (2009) 'Boredom in the Lecture Theatre: An Investigation into the Contributors and Outcomes of Boredom Amongst University Students', British Educational

Research Journal, 35 (2) pp. 243 – 58.

[32] Van der Velde, E. G., Feij, J. A., Toon, W. (1995) 'Stability and Change of Person Characteristics Among Young Adults: The Effect of the Transition From School to Work', Personality and Individual Differences, 18 (1), 89 – 99.

[33] Vygotsky, L. S. (1978) Mind in Society: The Development of Higher Psychological Processes', Cambridge, MA: Harvard UniversityPress.

[34] Baillie, C. and Hazel, E. (2006) 'Teaching Materials Laboratory Classes', Higher Education Academy UK Centre for Materials Education Website (http://www.materials.ac.uk/guides/labclasses.asp).

[35] Susskind, J. E. and Gurien, R. A. (1999) 'Do Computer-generated Presentations Influence Psychology Students' Learning and Motivation to Succeed?' poster presentation at the Annual Convention of the American Psychological Society, Denver, CO.

[36] Bartlett, R. M., Cheng, S. and Strough, J. (2000) 'Multimedia Versus Traditional Course Instruction in Introductory Psychology', poster presented at Annual American Psychological Association, Washington, DC.

[37] Kanevsky, L. and Keighley, T. (2003) 'To Produce Or Not to Produce? Understanding Boredom and the Honor in Underachievement', Roeper Review, Fall, 26 (1).

[38] Ward, T. (2003) 'I Watched in Dumb Horror', Guardian, 20 May.

[39] Wolff, J. (2006) 'Room for Improvement Among Lecturers', Guardian Education Supplement, 4 July.

[40] Ramsden, P. (2003) Learning to Teach in Higher Education, Routledge, London.

[41] Gjesne, T. (1977) 'General Satisfaction and Boredom at School as a Function of the Pupil's Personality Characteristics', Scandinavian Journal of Educational Research, 21, 113 – 146.

[42] Mikulas, W. L. and Vodanovich, S. J. (1993) 'The Essence of Boredom', Psychological Record, 43 (1), 3 – 13.

[43] Watt, J. D. and Vodanovich, S. J. (1999) 'Boredom Proneness and Psychosocial Development', Journal of Psychology, 133, 303 – 14.

[44] Larson, R. W. and Richards, M. H. (1991) 'Boredom in the MiddleSchool Years: Blaming Schools Versus Blaming Students', American Journal of Education, 99, 418 – 43.

[45] Handelsman, M. M., Briggs, W. L., Sullivan, N. and Towler, A. (2005) 'A Measure of College Student Course Engagement', The Journal of Educational Research, 98 (3), 184 – 191.

[46] Pekrun, Reinhard, Goetz, Thomas, Daniels, Lia M., Stupnisky, Robert H. and Perry, Raymond P. (2010) 'Boredom in Achievement Settings: Exploring Control-Value Antecedents and Performance Outcomes of a Neglected Emotion', Journal of Educational Psychology, Vol. 102(3), Aug, 531 – 49.

[47] Bajak, Aleszu (2014) 'Lectures Aren't Just Boring, They're Ineffective Too, Study Finds', Science Insider, 12 May (http://news.sciencemag.org/education/2014/05/lectures-arent-just-boring-theyre-ineffective-too-study-finds).

[48] Marquis, Justin Ph. D (2012) 'Is the College Lecture Dead, Dying, or Just Lying Low?', 20 March (http://www.onlineuniversities.

com/blog/2012/03/is-the-college-lecture-dead-dying-or-just-lying-low).

第九章　工作陷阱：为什么工作越来越乏味?

[1] Blacksmith, Nikki and Harter, Jim (2011) 'Majority of American Workers Not Engaged in Their Jobs', Gallup, 28 October (http://www.gallup.com/poll/150383/majority-american-workers-not-engaged-jobs.aspx).

[2] O'Hanlon, J. F. (1981) 'Boredom: Practical Consequences and a Theory', Acta Psychologica, 49, pp. 53 - 82.

[3] Drory, A. (1982) 'Individual Differences in Boredom Proneness and Task Effectiveness at Work', Personnel Psychology, 35, pp. 141 - 51.

[4] Branton, P. (1970) 'A Field Study of Receptive Manual Work in Relation to Accidents at the Work Place', International Journal of Production Research, 8, pp. 93 - 107.

[5] Dyer-Smith, M. and Wesson, D. (1997) 'Resource Allocation Efficiency as an Indicator of Boredom, Work Performance and Absence', Ergonomics, 40, pp. 515 - 21.

[6] Grubb, E. A. (1975) 'Assembly Line Boredom and Individual Differences in Recreation Participation', Journal of Leisure Research, 7, pp. 256 - 69.

[7] Lee, T. W. (1986) 'Toward the Development and Validation of a Measure of Job Boredom', Manhattan College Journal of Business, 15, pp. 22 - 8.

[8] McBain, W. N. (1970) 'Arousal, Monotony, and Accidents in Line Driving', Journal of Applied Psychology, 54, pp. 509 - 19.

[9] Hill, A. B. (1975) 'Work Variety and Individual Differences in Occupational Boredom', Journal of Applied Psychology 60, pp. 129 – 31.

[10] Steinauer, J. M. (1999) 'Bored Stiff', Incentive, Nov., Vol. 173, Issue 11, p. 7.

[11] DDI (2004) Faking It, Development Dimensions International, Research Report, Autumn. 12. 'Boredom Numbs the Work World', Washington Post, 10 August 2005 (http://www.washingtonpost.com/wp-dyn/content/article/2005/08/09/AR2005080901395.html).

[12] Teacher Training Agency (2004) (http://www.tda.gov.uk/about/mediarelations/2004/20040713.aspx).

[13] Joyce, A. (2005) 'Boredom Numbs the World of Work', Washington Post, 10 August.

[14] Vodanovich, S. J. (2003) 'Psychometric Measures of Boredom: A Review of the Literature', Journal of Psychology, 137, pp. 569 –95.

[15] Brisset, D. and Snow, R. P. (1993) 'Boredom: Where the Future Isn't', Symbolic Interaction, 16, pp. 237 –56.

[16] Saito, H., Kashida, K., Endo, Y. and Saito, M. (1972) 'Studies on a Bottle Inspection Task', Journal of Science of Labor 48, pp. 475 –532.

[17] Cox & (1980) 'Repetitive Work'. In Cooper, C. L. and Payne, R. (Eds.) Current Concerns in Occupational Stress, Wiley, Chichester, UK.

[18] Hamilton, J. (1983) 'Development of Interest and Enjoyment in Adolescence. Part 11. Boredom and Psychopathology', Journal of Youth and Adolescence, 12, pp. 363 –72.

[19] Orcutt, J. D. (1984) 'Contrasting Effects of 2 Kinds of Boredom on Alcohol Use', Journal of Drug Issues, 14, pp. 161 – 73.

[20] Wasson, A. S. (1981) 'Susceptibility to Boredom and Deviant Behaviour at School', Psychological Reports, 48, pp. 901 – 02.

[21] Grose, V. L. (1989) 'Coping with Boredom in the Cockpit Before It's Too Late', Professional Safety, 34(7), pp. 24 – 6.

[22] Alfredsson, L., Karasek, R. A., Theorell, T. (1982) 'Myocardial Infarction Risk and Psychosocial Work Environment: An Analysis of the Male Swedish Working Force', Soc Sci Med 16, pp. 463 – 7.

[23] Caplan, R. D., Cobb, S., French, J. R. P., van Harrison, R. and Pinneau, S. R. (1975) Job Demands and Worker Health, Washington DC: US Department of Health, Education and Welfare.

[24] 'Feeling Bored at Work? Three Reasons Why and What Can Free You', Psychology Today, 3 May 2010 (http://www.psychologytoday.com/blog/the-new-resilience/201005/feeling-bored-work-three-reasons-why-and-what-can-free-you).

[25] Bruursemaa, Kari, Kesslerb, Stacey R. and Spector, Paul E. (2011) 'Bored Employees Misbehaving: The Relationship Between Boredom and Counterproductive Work Behaviour', Work & Stress: An International Journal of Work, Health & Organisations Volume 25, Issue 2, pp. 93 – 107.

[26] Mann, S. (2006) 'Counting Window Panes: An Investigation into Boredom-reducing Strategies Used by Teachers and the Causes and Consequences of Their Workplace Boredom', Presentation at the Annual Conference of the Division of Occupational Psychology of the British Psychological Society, Glasgow, January.

[27] Elsbach, Kimberly D. and Hargadon, Andrew B. (2006) 'Enhancing Creativity Through "Mindless" Work: A Framework of Workday Design', Organization Science, 470 – 83.

[28] 'Cockpit Boredom: A Risk All Managers Face', Irmi, February 2014 (http://www.irmi.com/expert/articles/2014/grose02-risk-management-systemic-approach.aspx).

[29] Kass, Steven J., Vodanovich, Stephen J. and Callender, Anne (2001) 'State-Trait Boredom: Relationship to Absenteeism, Tenure, and Job Satisfaction', Journal of Business and Psychology, December, Volume 16, Issue 2, pp. 317 – 27.

[30] Hackman, J. R. and Oldham, G. R. (1980) Work re-design, Addison-Wesley, Reading, MA.

[31] Fisher, C. (1987) Boredom: Construct, Causes and Consequences, Technical report ONR-9, Texas A&M University.

[32] Loukidou, Lia, Loan-Clarke, John and Daniels, Kevin (2009) 'Boredom in the Workplace: More Than Monotonous Tasks', International Journal of Management Reviews, Volume 11, Issue 4, pp. 381 – 405, December.

[33] Gould, C. and Seib, H. M. (1997) 'Job Satisfaction as a Function of Boredom Proneness and Central Life Interests', Paper presented at the 43rd Annual Southeastern Psychological Association meeting, Atlanta.

[34] Fisher, Cynthia D. and Klinger, Eric (1998) 'Effects of External and Internal Interruptions on Boredom at Work: Two Studies', Journal of Organizational Behavior, Volume 19, Issue 5, pp. 503 – 22, September.

[35] 'The Stream of Consciousness Emotions, Personality, and Psychotherapy

1978', pp. 225 – 58, Modes of Normal Conscious Flow.

[36] 'Drone Pilots May Need Distractions' Robotics, 13 December (http://news. discovery. com/tech/robotics/drone-pilots-distraction-121127. htm).

[37] Robinson, Will (2013) 'Is This the World's Most Boring Job? Meet the Woman Who is Actually Paid to Watch Grass Grow', Daily Mail, 21 October (http://www. dailymail. co. uk/news/article-2470107/Is-worlds-boring-job-Grass-seed-analyst-paid-watch-grow. html).

[38] 'The Most Boring Job in the World? Scientist Finds Wonder in Watching Paint Dry', Daily Star, 7 July 2014 (http://www. dailystar. co. uk/news/latest-news/387727/Dulux-research-scientist-paid-to-watch-paint-dry).

[39] Salary Explorer (http://www. salaryexplorer. com/most-boring-jobs. php).

[40] Mann, S. (2007) 'The Boredom Boom', The Psychologist, Feb, Vol. 20 (2) pp. 90 – 3 (http://www. thepsychologist. org. uk/archive/archive_home. cfm/volumeID_20-editionID_144-ArticleID_1144-getfile_getPDF/thepsychologist/0207mann. pdf).

[41] Chadwick Jones, J. K. (1969) Automation and Behaviour: A Social Psychological Study, Wiley-Interscience, London.

[42] 'Automated Cockpits May Drive "Bored" Pilots Crazy', Indo Asian News Service, 8 May 2014 (http://gadgets. ndtv. com/science/news/automated-cockpits-may-drive-bored-pilots-crazy-520570).

[43] Kavanagh, Jim (2009) 'Airline Pilots Struggle to Stay Focused', CNN, 30 October (http://edition. cnn. com/2009/TRAVEL/10/28/pilots. cockpit/index. html? eref = rssus).

[44] British Chamber of Commerce (2004).

[45] 'UFU Fears Mounting Paperwork', Farmers Weekly, 29 March 2005 (http://www.fwi.co.uk/news/ufu-fears-mounting-paperwork.htm).

[46] Martin, Nicole (2001) 'Paperwork "Costs Time That Should be Spent With Patients"', Telegraph, 21 April (http://www.telegraph.co.uk/news/uknews/1316809/Paperwork-costs-time-that-should-be-spent-with-patients.html).

[47] 'Cost of Paperwork Hits Housing Groups', Community Care, 9 March 2005 (http://www.communitycare.co.uk/2005/03/09/cost-of-paperwork-hits-housing-groups).

[48] 'Nurses "Drowning in Sea of Paperwork"', BBC News, 21 April 2013 (http://www.bbc.co.uk/news/heath-22206882).

[49] Rouse, Lucy (2011) 'How Many Would-be Teachers Are Put Off Before They Even Start?', theguardian.com, 29 January (http://www.theguardian.com/commentisfree/2011/jan/29/teachers-paperwork).

[50] 'Why Don't People Want to Be Teachers?', BBC News, 4 September 2001 (http://news.bbc.co.uk/1/hi/talking_point/1513140.stm).

[51] McCartney, Robert (2011) 'Paperwork Burden Plagues Teachers', Washington Post, 12 November (http://www.washingtonpost.com/local/paperwork-burden-plagues-teachers/2011/11/11/gIQALB3aFN_story.html).

[52] 'Teachers Are Getting Buried Under Mountain of Paperwork', News Herald, 8 December 2012 (http://www.newsherald.com/opinions/letters-to-the-editor/teachers-are-getting-buried-under-mountain-of-paperwork-1.61650?page=1).

[53] Lencioni, Patrick Death by Meeting: A Leadership Fable About Solving the Most Painful Problem in Business (Jossey-Bass, 2004).

[54] Steelcase Workplace Index Survey, December 2000.

[55] Walker, Duncan (2004) 'Why Are Meetings So Boring?', BBC News Magazine, 9 November 2004 (http://news.bbc.co.uk/1/hi/magazine/3993483.stm).

[56] 'Tory MP Apologises for Playing Candy Crush During Committee', BBC News, 8 December 2014 (http://www.bbc.co.uk/news/uk-politics-30375609).

[57] Read, Simon (2013) 'Time for the Government to Step In? The Dark Side of The Call Centre, 11 June (http://www.independent.co.uk/news/uk/politics/time-for-the-government-to-step-in-the-dark-side-of-the-call-centre-8654571.html).

[58] 'Business: The Economy Boom-time for Call Centres', BBC News, 18 August 1999 (http://news.bbc.co.uk/1/hi/business/423930.stm).

[59] CallCenterOps (http://www.callcenterops.com/obs-boredom.htm).

[60] Call Center College (http://www.ecustomerserviceworld.com/earticlesstore_articles.asp? type = article&id = 443).

[61] Carvel, John (2006) 'Graduates Find Prized Jobs Are Rather Boring, Says Survey', Guardian, 27 July (http://www.theguardian.com/money/2006/jul/27/workandcareers.graduation).

[62] 'Paperwork "Slowing Crime Fight"', BBC News, 20 March 2005 (http://news.bbc.co.uk/1/hi/england/southern_counties/4366287.stm).

[63] 'Bid to Cut GP Paperwork Launched', BBC News, 29 December 2004 (http://newsbbc.co.uk/1/hi/health/4121751.stm).

[64] 'Teachers Face Handheld Revolution', BBC News, 10 September 2005 (http://newsbbc.co.uk/1/hi/uk_politics/4230832.stm).

[65] Fisher, Cynthia D. (1993) 'Boredom at Work: A Neglected

Concept, Human Relations March 1993, 46: 395 – 417.

[66] Collinson, D. (2002) 'Managing Humour', Journal of Management Studies, Volume 39, Issue 3, pp. 269 – 88, May.

[67] Butler, Nick, Olaison, Lena, Sliwa, Martyna, Meier, Bent and Sverre, Spoelstra Sørensen 'Work, Play and Boredom', Volume 11, Number 4, Ephemera Theory and Politics in Organization.

[68] McGhee, P. (2000) 'The Key to Stress Management, Retention and Profitability? More Workplace Fun', HR Focus, 77 (9) 5 – 6.

[69] Deal, T. and Key, M. K. (1998) 'Corporate Celebration: Play, Purpose and Profit at Work', p. 115, San Francisco, CA: Berrett-Koehler.

[70] Burkeman, Oliver (2013) 'Who Goes to Work to Have Fun?', The New York Times, 11 December (http://www. nytimes. com/2013/12/12/opinion/burkeman-are-we-having-fun-yet/html? _r = 0).

[71] 'The 25 Best Companies to Work for in America' (http://www. businessinsider. com/best-companies-to-work-for-2011-2? op = 1 # ixzz3LcgFUrjx).

[72] 'Quad/Graphics Featured in Book That Highlights Fearless Companies' (http://whattheythink. com/news/5003-quadgraphics-featured-book-highlights-fearless).

[73] Santovec, M. L. (2001) 'Yeeaa-Haw!', Credit Union Management March, Vol. 24. Issue 3.

[74] Miller, J. (1996) 'Humour: An Empowerment Tool for the 1990s', Management Development Review, 9, 6, 36 – 40.

[75] Caudron, S. (1992) 'Humour is Healthy in the Workplace', Personnel Journal, June, pp. 63 – 8.

[76] 'When Sun Microsystems Has Fun' (http://www. nytimes. com/

2008/04/01/business/worldbusiness/01iht-techfools. 4. 11593549. html).

[77] 'He's No Fool (But He Plays One Inside Companies)' (http://www. fastcompany. com/35777/hes-no-fool-he-plays-one-inside-companies).

[78] Rushe, D. (2007) 'Forget Work, Just Have Some Fun', The Sunday Times, 16 September (http://www. thesundaytimes. co. uk/sto/business/article71497. ece).

[79] 'Six Cool Companies to Work For' (http: www. cnbc. com/id/39573304/Six_Cool_Companies_to_Work_For? slide =3).

[80] NMPLive (http://www. nmplive. co. uk/john-cleese).

第十章　远离情绪陷阱，唤醒自我创造力

[1] '9 Ways to Tell If You Are Boring', Weekly World News, 8 December 2009 (http://weeklyworldnews. com/headlines/14251/9-ways-to-tell-if-youre-boring).

[2] Leary, M. R., Rogers, P. A., Canfield, R. W. and Coe, C. (1986) 'Boredom in Interpersonal Encounters: Antecedents and Social Implications', Journal of Personality and Social Psychology 51 (5), pp. 968 – 75.

[3] Kwan-Liu Ma et al. 'Scientific Storytelling Using Visualization' (http://vis. cs. ucdavis. edu/papers/Scientific_Storytelling_CGA. pdf).

[4] Melnick, M. (2011) 'Want to Be Heard? Try Changing the Way You Talk', Time, 20 May (http://healthland. time. com/author/meredithmelnick and http://healthl and. time. com/2011/05/20/want-to-be-heard-try-changing-the-way-you-talk/#ixzz 2Qhkmn141).

[5] Gladwell, Malcolm (2005) Blink, Back Bay Books.

[6] Llewellyn Smith, J. (2011) 'Women and Divorce: Goodbye Darling, You're Just Too Dull', Daily Telegraph, 4 September.

[7] Tamir, D. I. and Mitchell, J. P. (2012) 'Disclosing Information About the Self is Intrinsically Rewarding', Proceedings of the National Academy of Sciences, 109 (21), pp. 8038 – 43.

[8] Epstein, Mike (2012) 'Listening to People Complain Drains Intelligence, Researchers Complain', The Mary Sue, 14 October (http://www.geekosystem.com/complaining-makes-you-dumb).

[9] Child, Ben (2013) 'Bruce Willis Says Sorry For "Boring" Interview On BBC's The One Show', Guardian, 14 February.

[10] Kroes, S. (2005) 'Detecting Boredom in Meetings', Enschede, Netherlands, University of Twente, pp. 1 – 5.

[11] Murphy Paul, Annie (2012) 'Your Brain on Fiction', The New York Times Sunday Review, 17 March.

[12] de Bono, Edward (1990 and 1969) 'The Mechanism of the Mind' and I Am Right, You Are Wrong. 13. Asimov, Isaac Treasury of Humor: A Lifetime Collection of Favorite Jokes, Houghton Mifflin, 1971.

[14] Vertegaal, Roel et al. (2001) 'Eye Gaze Patterns in Conversations: There is More to Conversational Agents Than Meets the Eyes', Proceedings of the SIGCHI Conference on Human Factors in Computing Systems, pp. 301 – 8.

[15] Fullwood and Doherty-Sneddon (2006) 'Effect of Gazing at the Camera During a Video Link on Recall', Applied Ergonomics, Volume 37, Issue 2, March, pp. 167 – 75.

[16] US Weekly, 12 December 2012.

[17] Obama, B. (2004) Dreams from My Father: A Story of Race and Inheritance, Broadway Books.

[18] 'What Makes President Barack Obama Successful', Oprah. com (http://www. oprah. com/money/What-Makes-President-Barack-Obama-Successful).

[19] 'Semantic Enigmas' Guardian. co. uk (http://www. theguardian. com/notesandqueries/query/0,5753,-19185,00. html).

[20] 'Is This the Most Boring Man in Britain?', Daily Mirror, 11 May 2012 (http://www. mirror. co. uk/news/uk-news/retired-postman-to-photograph-every-postbox-827564).

[21] Coughlan, Sean (2011) 'Boring Conference "Too Interesting" Fear', BBC News, 15 November (http://www. bbc. co. uk/news/education-15722197).

第十一章　无聊，也有意义

[1] Hoover, M. (1986) 'Extreme Individualisation, False Subjectivity and Boredom', Virginia Journal of Sociology, 2, pp. 35 – 51.

[2] 'Do Bored Teenage Daughters Get a Pardon Too? Sasha and Malia Can't Hide Their Disdain as Obama Saves Turkeys From the Slaughterhouse', Daily Mail, 26 November 2014 (http://www. dailymail. co. uk/news/article-2850776/Cheese-turkey-rests-crowned-National-Thanksgiving-Turkey. html).

[3] Bornstein, R. F. (1989) 'Exposure and Affect: Overview and Meta-analysis of Research 1968-1987, Psychological Bulletin, 106, pp. 265 – 89.

[4] Brisset, D. and Snow, R. P. (1993) 'Boredom: Where the Future Isn't', Symbolic Interaction, 16, pp. 237 – 56.

[5] Bell, G. (2011) 'The Value of Boredom', TED x Sydney Conference. Available at: http://www.youtube.com/watch?v=Ps_YUElM2EQ.

[6] Toohey, P. (2011) Boredom: A Lively History, New Haven & London: Yale University Press.

[7] Smallwood, J. S. and Schooler, J. W. (2006) 'The Restless Mind', Psychological Bulletin, 132, pp. 946 – 58.

[8] Tushup, Richard J. and Zuckerman, Marvin (1977) 'The Effects of Stimulus Invariance on Daydreaming and Divergent Thinking', Journal of Mental Imagery, Vol. 1(2), pp. 291 – 301.

[9] Smith, R. P. (1981) 'Boredom: A Review', Human Factors, Vol. 23(3), June, pp. 329 – 40.

[10] Singer, J. L. (1975) The Inner World of Daydreaming, NY: Harper & Row.

[11] Schank, R. C. (1982) Dynamic Memory, Cambridge: Cambridge University Press.

[12] Begley, S., Bailey, H., Sone, D. and Interlandi, J. (2009) 'Will the BlackBerry Sink the Presidency?', Newsweek, 16 February 2009, Vol. 153, Issue 7, pp. 36 – 9.

[13] Mann, S. and Cadman, R. (2014) 'Does Being Bored Make Us More Creative?', Creativity Research Journal 26 (2), pp. 165-73.

[14] Andrade, J. (2010) 'What Does Doodling Do?', Applied Cognitive Psychology, January 2010, Vol. 24, Issue: Number 1, pp. 100 – 6.

[15] Nietzsche, F. (1974) The Gay Science, New York: Vintage.

[16] Gaylin, W. (ed.) (1979) 'Feeling Bored' pp. 113 – 129 in Feelings: Our Vital Signs, New York: Harper & Row.

[17] Vodanovich, S. J. (2003) 'On the Possible Benefits of Boredom: A Neglected Area of Personality Research', Psychology and Education- An Interdisciplinary Journal, 40, pt 3 – 4, 28 – 33.

[18] Harris, M. B. (2000) 'Correlates and Characteristics of Boredom Proneness and Boredom', Journal of Applied Social Psychology 30, pp. 576 – 98.

[19] Hill, Amelia (2011) 'Boredom Is Good For You, Study Claims', Guardian, 6 May (http://www.theguardian.com/science/2011/may/06/boredom-good-for-you-claims-study).

[20] 'The Secret Benefits of a Curious Mind', Psychology Today, 8 October 2014 (https://www.psychologytoday.com/blog/thriving101/201410/the-secret-benefits-curious-mind).

[21] 'Why I Want a Digital-free Sunday... by Sister of Facebook Founder Mark Zuckerberg', Daily Mail, 10 November 2013 (http://www.dailymail.co.uk/debate/article-2496091/Why-I-want-digital-free-Sunday--sister-Facebook-founder-Mark-Zuckerberg.html).

[22] 'Taking Time Out With a Digital Detox', Daily Telegraph, 28 December 2014 (http://www.telegraph.co.uk/news/predictions/technology/11306785/digital-detox.html).

[23] 'Best Unplugged Vacations' Travel Channel (http://www.travelchannel.com/interests/wellness-and-renewal/articles/best-unplugged-vacations).

[24] 'Turn Off E-mail and Do Some Work' by Jane Wakefield, Technology reporter, BBC News, 19 October 2007 (http://news.bbc.co.uk/1/hi/technology/7049275.stm).

[25] Mcmahan, Dana (2014) 'Connected Travelers Seek Out Digital Detox on Vacation', NBC News, 29 May (http://www.nbcnews.

com/feature/carry-on/connected-travelers-seek-out-digital-detox-vacation-n117771).

[26] 'Digital Detox Retreats: Unplug & Recharge at 8 Tech-Free Getaways', Huffington Post, 24 April 2013 (http://www. huffingtonpost. com/2013/04/24/digital-detox-retreats-un_n_3147448. html).

[27] 'Digital Detox Retreats Let Stressed Japanese Log Out', The Japan Times, 26 December 2014 (http://www. japantimes. co. jp/news/2014/12/26/national/social-issues/digital-detox-retreats-let-stressed-out-japanese-log-out/#. VKBsJ2AgCk).

[28] 'Nature is the Antidote to Boredom', Outdoor Nation, 5 April 2013 (http://outdoornation. org. uk/2013/04/05/nature-is-the-antidote-to-boredom).

[29] Csikszentmihalyi, Mihaly (2000) Beyond Boredom and Anxiety: Experiencing Flow in Work and Play, Jossey-Bass, San Francisco, CA, US.

[30] 'You Never Graduate From the School of Christ', One Story Ministries, 11 May 2015 (http://onestoryministries. wordpress. com).

[31] Premack, D. (1959) 'Toward Empirical Behavior Laws: I. Positive Reinforcement', Psych Rev., 66, pp. 219 – 33.

图书在版编目(CIP)数据

无聊的意义/(英)桑迪·曼恩(Sandi Mann)著;沈梦已译.—北京:机械工业出版社,2017.6
书名原文:THE UPSIDE OF DOWNTIME
ISBN 978 - 7 - 111 - 58065 - 2

Ⅰ.①无…　Ⅱ.①桑…　②沈…　Ⅲ.①青少年心理学　Ⅳ.①B844.2

中国版本图书馆 CIP 数据核字(2017)第 232950 号

机械工业出版社(北京市百万庄大街 22 号　邮政编码 100037)
策划编辑:姚越华　张清宇　　责任编辑:姚越华　张清宇
封面设计:吕凤英　　责任校对:黄兴伟
责任印制:张　博
三河市国英印务有限公司印刷
2017 年 11 月第 1 版·第 1 次印刷
145mm×210mm·9.125 印张·180 千字
标准书号:ISBN 978 - 7 - 111 - 58065 - 2
定价:39.80 元

凡购本书,如有缺页、倒页、脱页,由本社发行部调换

电话服务
服务咨询热线:010 - 88361066
读者购书热线:010 - 68326294
010 - 88379203
封面无防伪标均为盗版

网络服务
机 工 官 网:www.cmpbook.com
机 工 官 博:weibo.com/cmp1952
金 书 网:www.golden-book.com
教育服务网:www.cmpedu.com